Den Mond neu entdecken

Eckart Kuphal

Den Mond neu entdecken

Spannende Fakten über Entstehung, Gestalt
und Umlaufbahn unseres Erdtrabanten

 Springer

Eckart Kuphal
Darmstadt, Deutschland

ISBN 978-3-662-59781-1   ISBN 978-3-642-37724-2   (eBook)
https://doi.org/10.1007/978-3-642-37724-2

Die Deutsche Nationalbibliothek verzeichnet diese Publikation in der Deutschen Nationalbibliografie;
detaillierte bibliografische Daten sind im Internet über http://dnb.d-nb.de abrufbar.

Planung: Margit Maly
Einbandabbildung: © NASA

Springer ist ein Imprint der eingetragenen Gesellschaft Springer-Verlag GmbH, DE und ist ein Teil von
Springer Nature.
Die Anschrift der Gesellschaft ist: Heidelberger Platz 3, 14197 Berlin, Germany

Vorwort

Eines Sommerabends standen wir im Freundeskreis auf einer Düne am Sylter Weststrand und verfolgten andächtig schweigend, wie die Sichel des jungen Mondes im Meer versank. Da sagte jemand aus der Gruppe: „Ich wusste gar nicht, dass der Mond auch abends untergehen kann!" Diese Frage ließ sich am nächsten Tag mit ein paar Strichen und Kreisen im Sand leicht beantworten. Doch am Abend wollten wir wieder den Monduntergang bestaunen, und wissend, dass er sich jeden Tag um etwa 50 min verspätet, trafen wir uns eine halbe Stunde vor der erwarteten Zeit auf der Düne. Aber kein Mond war zu sehen, obwohl der Himmel sternklar war. Wir hatten seinen Untergang verpasst! Wie konnte das sein? Als Antwort auf diese und ähnliche Fragen ist das vorliegende Buch entstanden.

Dieses Buch will weder eine populärwissenschaftliche Schrift noch ein Fachbuch sein, sondern es ist dazwischen angesiedelt. Es ist ein Sachbuch für interessierte Laien und Amateurastronomen, die nicht nur Forschungsergebnisse erfahren möchten, sondern auch auf eine Erklärung oder Herleitung Wert legen. Das geht allerdings nicht ganz ohne Formeln und Berechnungen. Dabei wurde beachtet, dass die physikalisch-mathematischen Anforderungen nicht über den Stoff einer gymnasialen Oberstufe hinausgehen. Wer nur an den Ergebnissen selbst interessiert ist, mag die Formeln, die zum Teil in Fußnoten „verbannt" wurden, gerne überspringen. Das Buch eignet sich z. B. auch als Grundlage für schulische Referate über ausgewählte Themen zum Mond.

Das Kap. 1 dieser Arbeit widmet sich der Geschichte der Mondbeobachtung und Mondforschung, beginnend mit der Antike über die Neuzeit, mit der Erfindung des Fernrohrs bis hin zur Raumfahrt und bemannten Mondlandung. Auch die gegenwärtig den Mond umkreisenden Raumsonden werden beschrieben. Im Kap. 2 werden die Besonderheiten des Erdmondes im Vergleich zu den anderen Monden des Sonnensystems aufgezeigt, der Einfluss des Mondes auf das irdische Leben betrachtet und die Zukunft des Erde-Mond-Systems diskutiert. Das Kap. 3 ist dem eigentlichen Mondkörper gewidmet mit seinen physikalischen Eigenschaften, seiner Oberflächenstruktur und seinem geologischen Aufbau. Zur Entstehungsgeschichte des Mondes werden allerneueste Erkenntnisse referiert.

Alle folgenden Kapitel befassen sich mit der Bewegung des Mondes. Dazu werden in Kap. 4 die Phasen (Lichtgestalten) und die Helligkeit des Mondes und in Kap. 5 die unterschiedlich definierten Umlaufzeiten sowie die Erscheinung der Libration beschrieben. In den Kap. 6 und 7 werden die Kepler'schen Planetengesetze hergeleitet und die Ellipsenbahn des Mondes um die Erde und um die Sonne behandelt. Kap. 8 gibt eine Darstellung seiner täglichen und monatlichen Bahn über dem Horizont des Beobachters. Kap. 9 widmet sich den Gezeitenkräften des Mondes und der Sonne sowie der Entstehung von Ebbe und Flut. Im Kap. 10 lernen wir, Sonnen- und Mondfinsternisse vorauszuberechnen. Schließlich werden im letzten Kap. 11 die Unregelmäßigkeiten der Mondbewegung, die sogenannten Bahnstörungen, diskutiert.

Danksagung

Herzlich bedanken möchte ich mich für die hilfreichen und anregenden Diskussionen mit Dr. Eckehard Bärnighausen, Bengt Bischof (ESA/ESOC), Jens Heinrich, Prof. Peter Hilsch (Univ. Tübingen), Prof. Thorsten Kleine (Univ. Münster), Dr. Klaus Kuphal, Hans Middelhauve, Prof. Gerd W. Prölss (Univ. Bonn), Dr. Dirk Scheuermann, Wolfgang Stahn und Prof. Karl Wien (TU Darmstadt). Susanne Pieth (Deutsches Zentrum für Luft- und Raumfahrt, Berlin) hat mich freundlicherweise unterstützt bei der Beschaffung des Bildmaterials aus der Mondraumfahrt. Nicht zuletzt danke ich für die gute Zusammenarbeit mit dem Springer Verlag: Dr. Vera Spillner hat das Projekt engagiert gefördert und begleitet, Bettina Saglio hat mich in vielen Gesprächen beraten und zusammen mit Annette Heß die redaktionellen Arbeiten umsichtig ausgeführt.

Darmstadt, im April 2013   Eckart Kuphal

Inhalt

1
Geschichte der Mondbeobachtung und Mondforschung

Die Geschichte der Wissenschaft vom Mond ist kaum zu trennen von der Geschichte der Astronomie des gesamten Sonnensystems, sodass in das vorliegende Kapitel auch vieles über unser Planetensystem mit einfließen wird.

1.1 Prähistorische Zeit

Seit jeher hat die imposante Erscheinung des Mondes am Himmel die Fantasie der Menschen beflügelt. Von der Urzeit bis hin zur römischen Epoche wurde er sogar als Gottheit verehrt, und zwar meist als weibliche. So war *Selene*, das griechische Wort für Mond, gleichzeitig die Mondgöttin, der bei den Römern *Luna* entsprach. Man schrieb ihr Einfluss auf die Gesundheit sowie auf die weibliche Fruchtbarkeit zu. Seine zu- und abnehmenden Lichtphasen symbolisierten das Werden und Vergehen im menschlichen Leben. Neben der religiösen Verehrung des Mondes wurde sein Lauf aber auch für Kalenderzwecke genau beobachtet.

Der sensationelle Fund der *Himmelsscheibe von Nebra* (gefunden 1999, der Wissenschaft zugänglich seit 2002) aus der frühen Bronzezeit belegt, dass bereits in prähistorischer Zeit dem Mondlauf große Beachtung geschenkt wurde. Die aus Bronze und Gold gefertigte Scheibe war ca. drei Jahrhunderte lang in Benutzung, bevor sie um 1600 v. Chr. auf dem Mittelberg bei Nebra in Sachsen-Anhalt niedergelegt wurde (Abb. 1.1). Auf den ersten Blick könnte man sie für eine beliebige Darstellung von Sonne, Mond und Sternen halten. Nach den Untersuchungen des Landesmuseums für Vorgeschichte in Halle (Meller 2004) zeigt die Scheibe jedoch zwei ganz spezielle astronomische Konstellationen: zum einen den Vollmond (nicht die Sonne!), zum anderen die zunehmende, 4 Tage alte Mondsichel, beide jeweils bei den *Plejaden* stehend. Die Plejaden, auch Siebengestirn genannt, sind ein markanter Sternhaufen im Tierkreissternbild Stier. Wenn wir den heutigen Kalender zugrunde legen, dann gingen in der frühen Bronzezeit die Plejaden um den 17.

© Springer-Verlag GmbH Deutschland, ein Teil von Springer Nature 2013
E. Kuphal, *Den Mond neu entdecken*,
https://doi.org/10.1007/978-3-642-37724-2_1

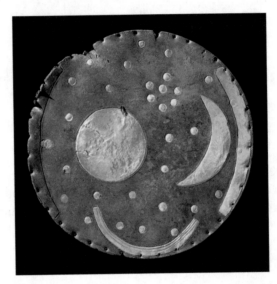

Abb. 1.1 Himmelsscheibe von Nebra aus der frühen Bronzezeit (Durchmesser: 32 cm). Die Goldeinlagen auf der Bronzescheibe zeigen den Vollmond und den jungen Mond in der Nähe des Siebengestirns (siehe Text). Die übrigen Sterne sind willkürlich verteilt. Die Scheibe wurde im Laufe ihrer 300-jährigen Nutzungsdauer mehrfach verändert: So wurden die Horizontbögen am linken und rechten Rand später angebracht, ebenso das gestreifte und gefiederte Goldblech am unteren Rand, welches als Sonnenbarke interpretiert wird. (© Landesamt für Denkmalpflege und Archäologie Sachsen-Anhalt, Juraj Lipták)

Oktober erstmals am westlichen Morgenhimmel unter, welcher die Domäne des untergehenden Vollmondes ist. Um den 10. März waren die Plejaden in der Abendröte zum letzten Mal sichtbar. Diese Himmelsposition wird vom jungen Mond kurz vor seinem Untergang eingenommen. (Dies bedeutet natürlich nicht, dass der Vollmond bzw. der junge Mond jedes Jahr zu den angegebenen Tagen bei den Plejaden stand.) Die beiden genannten Termine markierten das Ende und den Beginn des bäuerlichen Jahres.

Dass die Scheibe nicht nur ein Kultobjekt war, sondern tatsächlich konkrete astronomische Aussagen enthält, wird auch an den beiden Goldblechen am Rand der Scheibe deutlich (dasjenige am linken Rand ist abgefallen), welche *Horizontbögen* darstellen. Sie markieren den Winkelbereich am Horizont, in dem die Sonne im Laufe eines Jahres auf- bzw. untergeht. Auf der geographischen Breite des Fundorts beträgt der Winkel zwischen den Extrempositionen 82° – genau diesen Winkel decken auch die Goldbleche ab. Die Himmelsscheibe von Nebra gilt als die weltweit älteste bekannte Darstellung rein astronomischen Inhalts.

1.2 Vorgriechische Antike

Die vorgriechischen Zentren der Astronomie waren China, Ägypten, Babylonien sowie die Maya- und Inka-Kultur in Amerika. Der Wunsch, die Absichten der Götter rechtzeitig zu erfahren, führte zu sorgfältigen Beobachtungen der *Wandelsterne*, die in diesen Hochkulturen bereits seit dem dritten Jahrtausend v. Chr. aufgezeichnet wurden. Dazu gehörte unter anderem die Messung der *synodischen Umlaufzeiten* der Planeten und des Mondes, d. h. der Zeitdauer, nach der ein Himmelskörper von der Erde aus gesehen wieder die gleiche Stellung relativ zur Sonne hat, sowie die Registrierung von *Sonnen- und Mondfinsternissen*. Die Positionsbestimmung der Himmelskörper geschah mithilfe einfacher Winkelmessinstrumente und Visiereinrichtungen.

Die babylonische Astronomie geht bis ins dritte Jahrtausend v. Chr. zurück, erreichte ihren Höhepunkt etwa um 600 bis 500 v. Chr. und fand ihren Abschluss im letzten vorchristlichen Jahrhundert. Die Babylonier haben unter anderem den *Saroszyklus* (Abschn. 10.4) aufgefunden, mit dessen Hilfe die Priester-Astronomen Sonnen- und Mondfinsternisse vorhersagen konnten. Dies ist ein Zyklus von 18,03 Jahren, mit dem sich die Finsternisse jeweils in (fast) gleicher Weise wiederholen. Diese Kenntnis haben später die Griechen von den Babyloniern übernommen.

Die Genauigkeit der Himmelsbeobachtung der Babylonier soll am Beispiel der synodischen Monatslänge, d. h. der mittleren Zeitdauer zwischen zwei gleichen Mondphasen, verdeutlicht werden: Sie beträgt nach *Kidinnu* (um 380 v. Chr.) 29,5306 Tage in identischer Übereinstimmung mit dem modernen Wert. Bedenkt man, dass die synodische Monatslänge von Monat zu Monat bis zu ±6,5 h schwankt (Abschn. 5.2), so war für die erreichte Genauigkeit eine Mittelung der Monatslängen über mindestens 100 Jahre erforderlich!

Die Juden hatten ihre Vorstellung vom Kosmos von den Babyloniern entlehnt. In der Schöpfungsgeschichte der Bibel heißt es (1. Mose 1, 14–15):

Und Gott sprach: Es werden Lichter an der Feste des Himmels, die da scheiden Tag und Nacht und geben Zeichen, Zeiten, Tage und Jahre und seien Lichter an der Feste des Himmels, dass sie scheinen auf die Erde. Und es geschah so.

Die Aufgabe der *Lichter* war es demnach, die Tageszeit einzuteilen, als Grundlage eines Kalenders zu dienen und die Erde zu beleuchten. Aber insbesondere waren sie auch *Zeichen* Gottes, d. h. die Himmelserscheinungen hatten für die Menschen eine schicksalhafte Bedeutung.

In allen Kulturen dieser Entwicklungsperiode wurde die Erde als Scheibe oder als ein Körper ähnlicher Gestalt angesehen, der vom Himmelsgewölbe rings umgeben ist. Es waren stets *geozentrische Weltbilder*. Die Erde stand unbewegt und ohne Rotation im Zentrum des Kosmos.

1.3 Griechische Antike

Mit dem Erwachen der griechischen Kultur erreichte die Astronomie eine neue Entwicklungsstufe. Die ionischen Naturphilosophen übernahmen zunächst die babylonische Astronomie, gingen aber bald eigene Wege: So ist überliefert, *Thales von Milet* (um 625–547 v. Chr.) sei der Erste gewesen, der die Mondphasen richtig als eine Folge der unterschiedlichen Stellung des Mondes relativ zu Sonne und Erde erklärte, wobei das Mondlicht von der Sonne herrührte. Damit war dem Gelehrten auch klar, dass der Mond keine Scheibe war, wie man bis dahin angenommen hatte, denn nur durch einen kugelförmigen Mond konnte die allbekannte Form der Mondphasen entstehen. *Anaxagoras* (um 500–428 v. Chr.) erkannte die wahre Natur der Mondfinsternisse als eine Abschattung des Sonnenlichts durch die Erde.

Pythagoras von Samos (um 570–480 v. Chr.) zog um 530 v. Chr. nach Kroton in Süditalien (das heutige Crotone in Kalabrien) und gründete dort die pythagoreische Bruderschaft, die er seine Naturphilosophie lehrte – eine Synthese aus Religion und Wissenschaft, Mathematik und Musik, Medizin und Kosmologie. Diese Bruderschaft bestand bis etwa 450 v. Chr.

Der in der pythagoreischen Tradition stehende *Herakleides von Pontus* (um 375–310 v. Chr.) nahm die Drehung der Erde um die eigene Achse als erwiesen an. Diese erklärte den täglichen Umlauf aller Himmelskörper. Er erkannte ferner, dass Merkur und Venus, die stets in Sonnennähe „pendeln", offensichtlich Satelliten der Sonne sein mussten. Folglich stellte er sich ein geozentrisches Weltbild vor, in dem Merkur und Venus die Sonne umkreisen, aber die Sonne und die anderen Planeten sowie der Mond sich um die Erde drehen (Abb. 1.2B). (Dieses wird auch „Ägyptisches" System genannt, vermutlich nach einer griechischen Gelehrtenschule in Ägypten.)

Aristarchos von Samos (um 310–230 v. Chr.), der Letzte aus der Reihe der pythagoreischen Astronomen, hat seinerzeit schon das richtige, das *heliozentrische Weltbild* postuliert (also fast 1800 Jahre vor *Kopernikus*!), was als Schlusspunkt der pythagoreischen Kosmologie gilt (Abb. 1.2D). Diese Schrift ging zwar verloren, seine Erkenntnis wird aber von anderen antiken Autoren bezeugt. So heißt es bei *Archimedes von Syrakus* (287–212 v. Chr.): „Denn er [Aristarchos] nahm an, die Fixsterne und die Sonne blieben unbeweglich stehen, doch die Erde werde im Kreis um die Sonne geführt." Der griechische na-

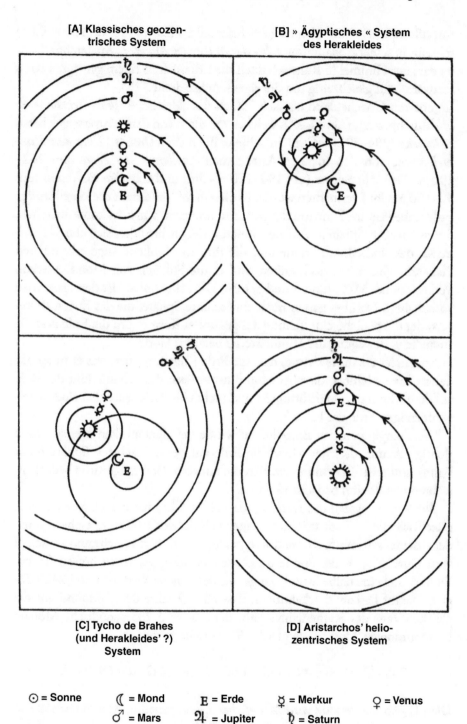

[A] Klassisches geozentrisches System

[B] » Ägyptisches « System des Herakleides

[C] Tycho de Brahes (und Herakleides' ?) System

[D] Aristarchos' heliozentrisches System

⊙ = Sonne   ☾ = Mond   E = Erde   ☿ = Merkur   ♀ = Venus

♂ = Mars   ♃ = Jupiter   ♄ = Saturn

Abb. 1.2   Vier verschiedene Weltsysteme. (Aus © Koestler 1959)

turphilosophische und historische Schriftsteller *Plutarch* (46–ca. 126 n. Chr.) schreibt in seiner Abhandlung *Über das Antlitz des Mondes*: „Aristarchos dachte, dass der Himmel in Ruhe sei, doch die Erde sich in einem geneigten Kreis fortwälze und gleichzeitig um die eigene Achse drehe."

Im antiken Griechenland hat sich jedoch das „klassische" *geozentrische Weltbild* durchgesetzt, (Abb. 1.2A), welches vor allem von dem Universalgelehrten *Aristoteles* (384–322 v. Chr.) in seinem Buch *Peri Uranoy* (*Über den Himmel*) sowie von den späteren Astronomen *Apollonios von Perge* (um 262–190 v. Chr.), *Hipparchos* (um 190–120 v. Chr.) und *Claudius Ptolemäus* (um 90–160 n. Chr.) verfochten wurde. In diesem Weltbild steht die kugelförmige Erde unbewegt im Zentrum des Kosmos, umgeben von acht konzentrischen, durchsichtigen Sphären. Auf den inneren sieben befinden sich die *Wandelsterne*, das sind Mond, Sonne und die fünf mit bloßem Auge erkennbaren Planeten. Von innen nach außen sind es die Sphären von Mond, Merkur, Venus, Sonne, Mars, Jupiter und Saturn. Die achte Sphäre ist den Fixsternen vorbehalten. Darüber gab es noch eine neunte Sphäre, die des Ersten Bewegers, der die tägliche Umdrehung des gesamten Kosmos um die Erde und die zusätzliche Bewegung der Wandelsterne bewirkt: Gott.

Aristoteles erkannte richtig, dass die Erde Kugelform hat, was er unter anderem daraus schloss, dass bei Mondfinsternissen das Schattenbild der Erde auf dem Mond stets kreisförmig ist und nicht elliptisch, wie es bei einer scheibenförmigen Erde der Fall wäre.

Unabhängig von den Einzelheiten wurde bei allen antiken Weltsystemen richtig erkannt, dass der Mond die Erde auf der erdnächsten Sphäre (oder Bahn) umkreist. Er konnte nämlich die anderen Tierkreisgestirne bedecken, während keines ihn bedecken konnte.

Zur Regierungszeit des *Perikles* (461–429 v. Chr.) hatte noch jede einzelne griechische Polis (Stadtstaat) einen eigenen Kalender. In dieser Zeit bestimmte der Athener Astronom *Meton* das *tropische Jahr*, d. h. den Zeitraum zwischen zwei Durchgängen der Sonne durch den *Frühlingspunkt*, zu $365\frac{5}{19}$ Tagen. Dies ist nur eine halbe Stunde länger als der genaue Wert von 365,2422 Tagen. Darauf basierend erkannte er, dass alle 19 Jahre der Vollmond auf die gleichen Tage des Sonnenjahres fällt, denn es sind 235 synodische Monate („Mondmonate") fast genau gleich 19 tropische Jahre[1]:

$$235 \cdot 29{,}5306\,\text{d} = 6939{,}7\,\text{d} \text{ und } 19 \cdot 365{,}2422\,\text{d} = 6939{,}6\,\text{d}.$$

Diese 19-jährige Periode wird *Meton'scher Zyklus* genannt. Meton entwickelte daraus einen Kalender mit 19-jährigem Zyklus, den er aufzeichnete und auf

---

[1] Die Einheiten für die Zeit sind a (Jahr), d (Tag), h (Stunde), min (Minute) und s (Sekunde), Anhang 1.

der Pnyx, dem Athener Volksversammlungshügel, im Jahre 432 v. Chr. aufstellen ließ. – Derselbe Zusammenhang war den Babyloniern seit dem fünften Jahrhundert v. Chr. bekannt. Sie verwendeten einen *Lunisolarkalender* von 19-jährigem Zyklus mit zwölf Jahren zu je zwölf Mondmonaten und sieben Jahren zu je 13 Mondmonaten ($12 \cdot 12 + 7 \cdot 13 = 235$). Ob Meton davon Kenntnis hatte, ist zu vermuten, aber nicht belegt. Bis heute findet der Meton'sche Zyklus im jüdischen Kalender Anwendung.

Archimedes von Syrakus (287–212 v. Chr.) bezifferte den *Winkeldurchmesser* der Mondscheibe richtig als „720sten Teil des Zodiaks", also zu 0,5°.

Hipparchos von Nicäa (um 190–120 v. Chr.), der hauptsächlich auf Rhodos arbeitete, gilt als der größte Astronom des Altertums (Hinderer 1977). Er begründete die wissenschaftliche Astronomie, indem er sich allein auf Beobachtungen stützte. Zur Auswertung seiner Winkelmessungen begründete er die Trigonometrie. Ferner legte er einen Katalog von 850 Fixsternen an und teilte die Sterne in Helligkeitsklassen ein. Bei Messungen der genauen Jahreslänge entdeckte er die *Präzession*, d. h. die langsame Verschiebung des Frühlingspunktes gegenüber dem Fixsternhimmel. Damit hatte er den Unterschied zwischen dem *siderischen Jahr* (Zeitdauer zwischen zwei Durchgängen der Sonne durch den gleichen Stern) und dem *tropischen Jahr* (Zeitdauer zwischen zwei Durchgängen der Sonne durch den Frühlingspunkt) erkannt. Die tropische Jahreslänge ist nur um den winzigen Betrag von 20 min kürzer als die siderische. Hipparchos fand 15 min als Differenz! Gegenüber den heute gültigen Jahreslängen (Anhang 2) war sein tropisches Jahr nur um sechs Minuten und sein siderisches um eine Minute zu lang! Also eine deutliche Verbesserung gegenüber Meton.

Was den Mond betrifft, so fand Hipparchos den Unterschied zwischen *siderischem* und *synodischem Monat* (Abschn. 5.2). Auch entdeckte er die *Große Ungleichheit* oder *Erste Ungleichheit* (Abschn. 7.1), die wesentliche Ungleichmäßigkeit der Mondbewegung. Er entdeckte sogar die *Evektion*, die größte der durch die Sonne verursachten Bahnstörungen des Mondes.

Grundlage eines jeden astronomischen Weltbildes musste eine Vorstellung über die Entfernungen von Sonne und Mond sowie deren Größe relativ zur Erde sein. Auch hier waren es die Griechen, die als Erste derartige Messungen vornahmen.

Der bereits erwähnte Aristarchos bestimmte in seiner Schrift *Über die Größen und Entfernungen der Sonne und des Mondes* das Verhältnis der Abstände Erde–Sonne zu Erde–Mond. Er fand es aus dem Dreieck Erde–Sonne–Mond, welches zum Zeitpunkt des zu- oder abnehmenden Halbmondes ein rechtwinkliges Dreieck bildet, indem er den Winkel zwischen Mond und Sonne maß (Abb. 1.3). Dieser Winkel liegt nahe bei 90°, und die kleine Abweichung von 90° ist umgekehrt proportional zum gesuchten Abstandsverhältnis, wel-

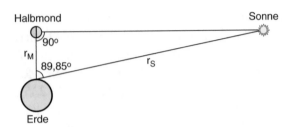

Abb. 1.3 Messung des Verhältnisses der Abstände Erde–Sonne zu Erde–Mond nach Aristarchos. Mit dem von ihm gemessenen Winkel 87° (wahrer Wert: 89,85°) erhielt er ein Verhältnis von $r_S/r_M = 1/\cos 87° = 19{:}1$ (wahrer Wert: 389:1)

ches somit empfindlich von der Winkelmessung abhängt. Außerdem ist der exakte Zeitpunkt des Halbmondes schwer zu bestimmen. Aristarchos fand 87° entsprechend einem Abstandsverhältnis Erde–Sonne zu Erde–Mond von 19. Das war allerdings viel zu wenig gegenüber dem wahren Wert von 389. (Erst beinahe zwei Jahrtausende später, 1650, fand der flämische Astronom *Godefroy Wendelin* mit der gleichen Methode die Sonne 229-mal so weit entfernt wie den Mond.)

Die Monddistanz bestimmte Aristarchos aus der Dauer von Mondfinsternissen (Abschn. 10.5). Seine Idee war genial, aber leider setzte er fälschlicherweise als Winkeldurchmesser von Mond und Sonne 2° anstatt 0,5° an, weshalb er für die Monddistanz nur 19 Erdradien (wahrer Wert: 60,3) und für die Sonnendistanz nur 19 · 19 = 361 Erdradien (wahrer Wert: 23.481) errechnete (Hinderer 1977). Der Durchmesser des Mondes sei das 0,35-fache, der der Sonne das 6,6-fache des Erddurchmessers. Hätte Aristarchos die Größe der Sonne nicht so drastisch unterschätzt, dann wäre sein heliozentrisches Weltbild möglicherweise schon in der Antike akzeptiert worden! Uns Heutigen, die wir wissen, dass die Sonne 109-mal so groß im Durchmesser und 330.000-mal so schwer wie die Erde ist, erscheint es widersinnig, dass ein so riesiges Gestirn die Erde umkreisen sollte, wie das geozentrische Weltbild es vorgab.

Hipparchos hat später die mittlere Monddistanz ebenfalls anhand von Mondfinsternissen, aber insbesondere durch Messung der *täglichen Parallaxe* (Abschn. 7.3) zu 67⅓ Erdradien bestimmt. Bei dieser Methode nutzt der Beobachter die Erdrotation aus, die es ihm erlaubt, zu zwei Zeitpunkten an einem Tag den Mond aus zwei verschiedenen Blickrichtungen vor dem Fixsternhimmel zu sehen. Daraus und aus dem Winkeldurchmesser des Mondes von 0,5° erhielt er den Monddurchmesser recht genau. Die Sonnenentfernung (den Erdbahnradius) gewann Hipparchos mithilfe einer Methode aus Mond- und Sonnenfinsternissen, die in Abschn. 10.5 hergeleitet wird. Sein

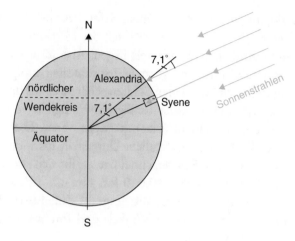

Abb. 1.4 Eratosthenes' Messung des Erdumfangs

Ergebnis von 2490 Erdradien ist zwar immer noch eine Größenordnung kleiner als der wahre Wert (23.481 Erdradien), aber bis zum 17. Jahrhundert gab es keinen besseren Wert als diesen.

Die Bahnradien der anderen Planeten konnten in der Antike überhaupt nicht bestimmt werden, da sie zum Teil noch viel größer sind als der Erdbahnradius, z. B. derjenige des Saturns ist 9,5-mal so groß. Man konnte also nicht beweisen, dass etwa die Sphäre des Saturns weiter von der Erde entfernt ist als die Jupitersphäre. Umso erstaunlicher ist es, dass die Planetensphären in der richtigen Reihenfolge angeordnet wurden. Offenbar hat man sie intuitiv richtig von innen nach außen gemäß zunehmender siderischer Umlaufzeit sortiert.

Da die astronomischen Entfernungen in der Antike allesamt auf den Erdradius als Längeneinheit bezogen wurden, war es wichtig, auch diese Größe zu messen. Es war *Eratosthenes von Kyrene* (um 284–202 v. Chr.), der um 225 v. Chr. mit einer genialen Methode als Erster den Erdumfang bzw. Erdradius bestimmt hat (Herrmann 2005). Er war Gelehrter und Direktor der Bibliothek im ägyptischen Alexandria, welches damals zum griechischen Kulturkreis gehörte. Ihm war klar, dass die Erde Kugelform hat und die Sonnenstrahlen an jedem Punkt der Erde nahezu parallel einfallen. Folglich war die Differenz der Mittagshöhe der Sonne zwischen zwei auf einem Meridian liegenden Orten gleich der Differenz ihrer geographischen Breiten. Er wählte Alexandria und Syene (das heutige Assuan) und bestimmte die Differenz ihrer Sonnenstände zu $7\tfrac{1}{7}°$ (Abb. 1.4). Seine elegante Methode erlaubte ihm, diesen Wert zu messen, ohne seinen Wohnort zu verlassen. Eratosthenes, der nie in Syene gewesen war, hatte von Handelsreisenden erfahren, dass dort die Sonne sich nur an *einem* Tag im Jahr mittags in einem tiefen Brunnen spiegelte, also im Zenit stand. Dieser eine Tag musste demnach der Mittsommertag sein, und Syene musste am nördlichen Wendekreis liegen. Also musste auch die Messung des Sonnenstands in Alexandria am Mittsommertag erfolgen. Die Nord-Süd-Entfernung zwischen den beiden Städten schätzte er aus der Reisezeit der Kamel-Karawanen ab, die bei einer Reisegeschwindigkeit von 100 Stadien pro Tag 50 Tage lang für diese Strecke unterwegs waren. Daraus gewann er den Erdumfang in Einheiten von Stadien. Unterstellt man, dass er mit dem ägyptischen Stadion von 157,5 m gerechnet hat, ergibt sich ein Wert, der vom wahren mittleren Erdumfang von 40.040 km nur um 1 % abweicht. (Die Genauigkeit seines Ergebnisses muss allerdings als Zufall betrachtet werden, denn die kombinierten Fehler seiner Winkel- und Entfernungsmessung belaufen sich eher auf 10 bis 20 %.)

Claudius Ptolemäus von Alexandria (um 90–160 n. Chr.) ist der bekannteste Astronom des Altertums, unter anderem weil seine Werke vollständig erhalten sind. Sein Hauptwerk *Mathematike Syntaxis* (*mathematische Zusammenstellung*) fasst das astronomische Wissen seiner Zeit zusammen, weshalb das geozentrische Weltbild auch das *Ptolemäische Weltbild* genannt wird. Das Buch kam über die Araber nach Europa, wo es unter dem Titel *Almagest* (abgeleitet vom arabischen Titel) im Mittelalter eines der wichtigsten astronomischen Lehrbücher bzw. Tabellenwerke war. Unter anderem findet sich darin ein Katalog von 1025 Fixsternörtern, die meistenteils von Hipparchos übernommen waren, dessen Werke fast alle verloren gegangen sind. Auch die weiteren Entdeckungen des Hipparchos sowie seine Positionsbestimmungen der Wandelsterne wurden im *Almagest* weitgehend übernommen.

Wichtigster Teil des *Almagest* ist die sog. *Epizykeltheorie*, die bereits von Apollonius von Perge im dritten vorchristlichen Jahrhundert entwickelt, von Hipparchos im folgenden Jahrhundert ausgebaut und von Ptolemäus im zweiten Jahrhundert n. Chr. vollendet wurde und bis zu *Kopernikus* (16. Jahrhundert) verwendet wurde! Die Epizykeltheorie ist das erste Rechenschema, das es ermöglichte, die Bewegungen der sieben Wandelsterne vor dem Hintergrund der Fixsternsphäre mit passabler Genauigkeit vorauszuberechnen. Sie ist eine rein kinematische Beschreibung der Planetenbewegung, die mit den zugrunde liegenden physikalischen Bewegungsgesetzen nichts zu tun hat.

Es war seit *Aristoteles* geradezu ein Postulat der griechischen Naturphilosophie, die Welt müsse eine vollkommene Kugel sein und jede Bewegung der Gestirne sich mit konstanter Geschwindigkeit in exakten Kreisen vollziehen. Da aber selbst die Bahn des Mondes und die scheinbare Jahresbahn der Sonne ganz offensichtlich von Kreisbahnen abwichen, wurde die Epizykeltheorie entwickelt, die einerseits dem (unkorrekten) aristotelischen Postu-

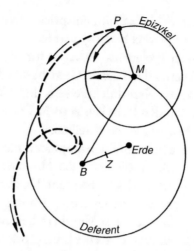

Abb. 1.5 Zur Epizykeltheorie: Der Planet *P* bewegt sich gleichförmig auf einem Epizykel, dessen Mittelpunkt *M* sich auf dem Deferenten mit Mittelpunkt *Z* bewegt. Der Deferent liegt exzentrisch zur Erde. Die Bewegung von *M* erfolgt mit konstanter Winkelgeschwindigkeit um den Äquanten *B*. Der Planet beschreibt eine Schleifenbahn. (Aus © Zimmermann und Weigert, Springer 1999)

lat gerecht wurde, anderseits die Beobachtungen hinreichend gut wiedergab. Hierbei wurde die Bahn eines Wandelsterns nicht durch gleichförmige Bewegung auf *einem* Kreis um die Erde dargestellt, sondern durch ein System von aufeinanderliegenden Kreisen (Epizykel = griech. für Außenkreis, aufgesetzter Kreis), von denen jeder einzelne das aristotelische Postulat erfüllte. Jedem Wandelstern war zunächst ein Trägerkreis (*Deferent*) zugeordnet (Abb. 1.5). Die Mittelpunkte der Deferenten sollten nicht unbedingt mit dem Erdmittelpunkt zusammenfallen (exzentrische Kreise). Um der beobachteten ungleichen Bahngeschwindigkeit Rechnung zu tragen, sollte sich des Weiteren das Gestirn nicht mit gleicher Geschwindigkeit um den Mittelpunkt des Deferenten, sondern um einen anderen Punkt, den sog. *Äquanten*, drehen.

Bei allen Planetenbahnen (aber nicht Sonne und Mond) tritt eine zusätzliche Schwierigkeit auf: Von der Erde aus betrachtet zeigen sie alle längs ihres Umlaufs scheinbare *Schleifenbahnen* mit zeitweiliger Umkehr der Bewegungsrichtung, die die Griechen die *Zweite Ungleichheit* nannten. Sie rührt daher, dass unser Beobachtungsort, die Erde, nicht stillsteht, sondern in Wirklichkeit selbst die Sonne umkreist. Im Weltbild der feststehenden Erde mussten die Schleifenbahnen jedoch als real existierend verstanden werden. Die Epizykeltheorie trägt der Schleifenbewegung dadurch Rechnung, dass sich der Planet auf einem Epizykel bewegt, dessen Mittelpunkt auf dem Trägerkreis umläuft (Abb. 1.5). So vollführt der Planet eine Zykloidenbewegung, die ungefähr der beobachteten Schleifenbahn entspricht. Die Bahn der Sonne war die einzige, für die kein Epizykel benötigt wurde.

Das Epizykelsystem in Ptolemäus' *Almagest* für die sieben Wandelsterne war sehr komplex und bestand aus einem Getriebe von 39 Rädern mit ebenso vielen sorgsam angepassten Kreisdurchmessern und Umlaufzeiten (Koestler 1959). Für den Mond wurden Epizykel, ja sogar Epizykel auf Epizykeln angewendet, um seine Bewegung zu beschreiben.

Die Vorstellung, dass den himmlischen Sphären nur die Kugelform angemessen ist, bezog sich auch auf die Form der Himmelskörper: Alle Gestirne sollten perfekte Kugeln bzw. Kreisscheiben sein. Da war *Plutarch* eine bemerkenswerte Ausnahme, wenn er in seiner oben genannten Schrift *Über das Antlitz des Mondes* notiert: „Das auf dem Mond erscheinende Gesicht ist daraus zu erklären, dass der Mond, ebenso wie die Erde, große Vertiefungen aufweist, die Wasser oder dunkle Luft enthalten." – Gar nicht so abwegig spekuliert, denn die „Mondmeere" sind tatsächlich tiefer gelegene Gebiete, die sich einst mit flüssiger Lava gefüllt haben.

Astronomischer Rechner von Antikythera Der hohe Stand der griechischen Astronomie wird besonders deutlich durch den Fund eines etwa 70 v. Chr. gesunkenen römischen Schiffes vor Antikythera (bei Kreta), welches griechische Luxusartikel als Fracht an Bord hatte (Hürter 2006). Es wurde im Jahre 1900 von einem Schwammtaucher entdeckt, und ein Jahr später wurde die Fracht geborgen. Lange Zeit aber konnte man ein Fundstück aus dem Schiff, ein bronzenes Uhrwerk von der Größe einer Faust, weder untersuchen noch zuordnen. Die Zahnräder dieses Uhrwerks sind so sehr miteinander verbacken, dass sie sich nicht zerstörungsfrei voneinander trennen lassen. Mithilfe eines 3D-Röntgentomographen gelang es schließlich vor wenigen Jahren, den Fund als astronomischen Rechner zu deuten, der aus einem Räderwerk von etwa 40 Bronzezahnrädern besteht. Kein anderes Relikt aus der Antike war technisch annähernd so ausgefeilt. Hier war nicht nur das mit Abstand älteste Zahnradgetriebe ans Licht gekommen, sondern auch eines von atemberaubender Komplexität. Eines der Zahnräder hat 223 Zähne: Das ist die Zahl der synodischen Monate („Mondmonate" zu 29,53 Tagen), die zusammen den oben bereits erwähnten Saroszyklus von 18,03 Jahren ergeben, nach dem sich die Mond- und Sonnenfinsternisse in immer gleicher Weise wiederholen. An diesem mechanischen Rechner konnte man die Auf- und Untergänge von Mond und Sonne sowie Finsternisse und die *Erste Ungleichheit* des Mondlaufs ablesen. Eine weitere Skala reichte bis zu 235 synodischen Monaten, nach denen ein Meton'scher Zyklus von 19 Sonnenjahren (siehe oben) abgelaufen war. *Cicero* hat einen solchen Rechner beschrieben, aber niemand hatte bisher an seine Existenz geglaubt.

Und die Römer? Welchen Beitrag leisteten sie zur Astronomie? Die Römer hatten ja auf vielen Gebieten der Zivilisation, der Staats- und Kriegsführung einen unvergleichlich hohen Stand erreicht. Aber was die Naturwissenschaften anbelangt, so importierten sie die Ergebnisse lieber von den Griechen, wie das Beispiel des astronomischen Rechners von Antikythera zeigt, oder sie hielten sich griechische Gelehrte.

1.4 Mittelalter

Das abendländische Mittelalter schuf in der Astronomie nichts grundsätzlich Neues. Während im Byzantinischen Reich die astronomische Literatur der antiken Griechen weiterhin zugänglich blieb und studiert wurde, stand diese in den lateinischsprachigen Staaten Mittel- und Westeuropas, die sich nach dem Zerfall des Weströmischen Reiches herausgebildet hatten, bis zum zwölften Jahrhundert kaum zur Verfügung.

In den Klosterschulen gehörte die Astronomie zum Lehrkanon der *Sieben Freien Künste* (*septem artes liberales*). Diese umfassten das *Trivium* mit Grammatik, Dialektik und Rhetorik sowie das *Quadrivium* mit Arithmetik, Musik, Geometrie und Astronomie. Doch wurden nur minimale astronomische Kenntnisse, etwa für die Berechnung des Ostertermins, vermittelt. Die Astronomie wurde mehr durch mythologisches als durch astronomisches Denken bestimmt. Mit zur Astronomie gehörte die *Astrologie*, über deren Auswirkungen in der *sublunaren Sphäre* (dem Bereich unterhalb des Mondes) spekuliert wurde. Im Gegensatz zu den himmlischen Sphären galt die sublunare Sphäre als der Bereich, in dem auch Unvollkommenheit, Unreinheit und Schuld anzutreffen war.

Die Erde wurde zeitweise wieder als Scheibe angesehen, wie z. B. auf der *Ebstorfer Weltkarte*, entstanden 1239 im Benediktinerkloster Ebstorf bei Uelzen. Sie zeigt die Erde als Kreisscheibe mit Jerusalem im Zentrum und umflossen vom Okeanos. Andererseits wusste die gelehrte Welt sehr wohl um die Kugelgestalt der Erde. Auch der Kirchenvater *Augustinus* (354–430 n. Chr.) akzeptierte diese Meinung. Ebenso waren *Christoph Kolumbus*, der 1492 Indien auf dem Seeweg nach Westen erreichen wollte und dabei Amerika entdeckte, sowie die spanischen Kommissionen, die sein Projekt begutachteten, von der Kugelgestalt überzeugt.

Die islamisch-arabische Kultur im Vorderen und Mittleren Orient, in Zentralasien, Nordafrika und auf der iberischen Halbinsel erlebte vom neunten bis 14. Jahrhundert eine Blütezeit unter anderem auf den Gebieten der Astronomie, Mathematik und Medizin. Sternnamen wie Aldebaran, Algol, Atair, Rigel und andere sowie die Bezeichnungen Zenit, Nadir und Algebra kommen aus dem Arabischen. *Ulugh Beg* (1394–1449), Herrscher in Samarkand (Usbekistan), ließ dort das größte Observatorium der damaligen Zeit errichten. Die damit gemessenen Sternpositionen wurden an Genauigkeit erst von *Tycho de Brahe* übertroffen.

Die Araber bewahrten das kulturelle Erbe der griechischen Antike und übersetzten unter anderem die naturwissenschaftlichen Schriften des Aristoteles und des Claudius Ptolemäus ins Arabische. Sie bemerkten sehr wohl, dass die Vorhersagen der Planetenbewegungen nach Ptolemäus' Epizykeltheorie ungenau waren, sie waren aber ohne Teleskope nicht zu bedeutenden Erweiterungen der antiken Erkenntnisse in der Lage.

Das westliche Abendland erhielt erst im Hochmittelalter, vor allem durch die Berührung mit den Mauren in Spanien während der sich über Jahrhunderte hinziehenden Reconquista, der Rückeroberung durch die Christen, wieder Kontakt mit der griechischen Antike. So zog *Gerhard von Cremona* (1114–1187) nach Toledo, der Hauptstadt Kastiliens, und übersetzte dort in den Jahren 1150 bis 1175 unter anderem den *Almagest* des Ptolemäus und die *Physik* des Aristoteles aus dem Arabischen ins Lateinische. Die 32 Jahre dauernde Regierungszeit von *Alfons X., dem Weisen* (1221–1284), König von Kastilien und León, war durch außerordentliche Glaubenstoleranz gekennzeichnet. In Toledo richtete er eine Übersetzerschule ein, und in Sevilla sorgte er dafür, dass in den beiden Kultursprachen seiner Zeit, Arabisch und Latein, unterrichtet wurde. Neue Planetentafeln, die *Alfonsinischen Tafeln*, in seinem Auftrag in den Jahren 1252 bis 1270 in Toledo durch ein Kollegium von 50 arabischen, jüdischen und christlichen Astronomen erstellt, ersetzten allmählich die antiken Planetentafeln.

Im westlichen Abendland war die Kenntnis der griechischen Sprache weitgehend verloren gegangen. Dies änderte sich erst wieder, als griechische Flüchtlinge nach der Eroberung von Konstantinopel durch die Osmanen (1453) Schrifttum in den Westen mitbrachten. So übersetzte *Johannes Müller* (1436–1476), nach seinem Geburtsort Königsberg in Bayern *Regiomontanus* genannt, den *Almagest* 1463 direkt aus einer aus Konstantinopel stammenden griechischen Handschrift ins Lateinische. In Venedig 1496 gedruckt, wurde sie zu einem der grundlegenden Werke für die Astronomie der Renaissance, das unter anderem auch von *Kopernikus* benutzt wurde.

Im 15. Jahrhundert begann auch in Mitteleuropa eine neue Phase von Himmelsbeobachtungen, vor allem durch Regiomontanus. Allerdings galt sowohl in der islamischen wie in der christlichen Welt weiterhin unangefochten

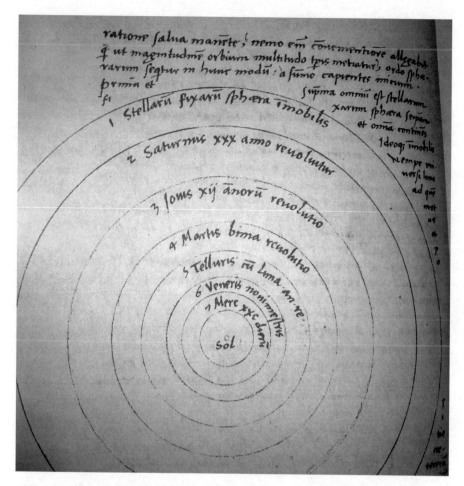

Abb. 1.6 Heliozentrisches Weltbild in Kopernikus' *De Revolutionibus Orbium Coelestium* (1543): Auf der fünften Bahn bewegt sich die Erde mit Mond. (Dieses System ist identisch mit Abb. 1.2D)

das geozentrische Weltbild, so groß war die Autorität von Aristoteles und Ptolemäus noch.

1.5 Übergang vom Mittelalter zur Neuzeit

Nikolaus Kopernikus (latinisiert auch Copernicus aus Koppernigk, * 1473 in Thorn, † 1543 in Frauenburg) gilt als der eigentliche Reformator der Astronomie, denn er hat das richtige, das *heliozentrische Weltbild* etabliert, das nach ihm auch *Kopernikanisches Weltbild* heißt (Abb. 1.2D und Abb. 1.6). Andererseits hat er die antike Epizykeltheorie nie über Bord geworfen, weshalb er auch gelegentlich der „letzte Aristoteliker" genannt wird. Insofern stand er zwischen Mittelalter und Neuzeit.

Nach Studien in Krakau wurde Kopernikus bereits 1496 von seinem Onkel, dem Bischof *Lukas Watzelrode*, zu einem der 16 Domherren in Frauenburg in der Diözese Ermland ernannt. (Das Ermland war das größte der vier Bistümer des damals Ordens-Herzoglichen Gebiets Preußen und das einzige, das seine Unabhängigkeit sowohl gegen den Deutschen Ritterorden als auch gegen den polnischen König erfolgreich verteidigte). Kurze Zeit nach dieser Ernennung verbrachte er etwa zehn Jahre zu Studienzwecken in Bologna, Rom, Padua und Ferrara. Dieses Domherrenamt, das er bis zu seinem Tode innehatte, gab ihm die materielle Basis und die Freiheit zu lebenslänglicher Beschäftigung mit der Astronomie.

Schon in seinem frühen Manuskript *Commentariolus* (Rossmann 1948), entstanden um 1510, das nur in einigen Abschriften von Hand zu Hand ging, fasste er seine Hauptthesen zusammen:

> Die Sonne steht unbewegt im Zentrum des Kosmos und wird von der Erde sowie allen anderen Planeten umkreist. Die Erde ist nur der Mittelpunkt des Mondbahnkreises und bewegt sich mit ihm auf *einer* Umlaufbahn. Die Erde dreht sich mit den ‚ihr anliegenden Elementen' täglich einmal um ihre unveränderlichen Pole. Dies ist der Grund für den täglichen scheinbaren Umlauf aller Gestirne am Himmel. Die Fixsterne liegen unbewegt auf der äußersten Sphäre und begrenzen den Kosmos. Der Erdbahnradius ist unmerklich klein gegenüber der Höhe des Fixsternhimmels.

Kopernikus hat die Planeten vom sonnennächsten (Merkur) bis zum sonnenfernsten (Saturn) richtig angeordnet. Die Halbmesser der großen Bahnkreise der Planeten um die Sonne relativ zum Erdbahnradius errechnete er aus den Planetenörtern der *Alfonsinischen Tafeln* (Rossmann 1948), wobei die Abweichungen zu den heute gültigen Werten erstaunlicherweise bei keinem Planeten größer als 4 % waren!

Zur Abkehr vom geozentrischen Weltbild kam Kopernikus weniger durch eigene Beobachtungen als durch theoretische Überlegungen. Zwar war ihm Aristarchos' Idee des heliozentrischen Systems bekannt, aber: „Damit nun nicht die Meinung aufkomme, wir hätten die Beweglichkeit der Erde ohne Begründung den Pythagoreern zufolge behauptet, nehme man auch hier schon einen starken Beweis in der Erklärung der Kreise entgegen." Seine Begründung war, dass in der Epizykeltheorie von Ptolemäus' *Almagest* der Umlauf der Planeten auf dem Deferenten vom Mittelpunkt gesehen nicht

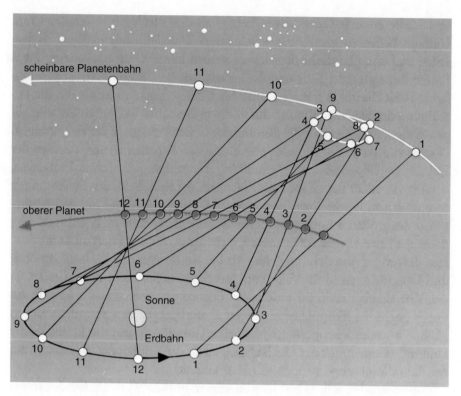

Abb. 1.7 Scheinbare Schleifenbewegung eines äußeren Planeten. (Aus: Joachim Herrmann: dtv-Atlas Astronomie. Grafiken von Harald und Ruth Bukor. © 1973 Deutscher Taschenbuch Verlag, München)

gleichförmig erfolgte, sondern nur vom Äquanten aus. Als treuen Aristoteliker störte ihn dieser Kunstgriff, denn er widersprach dem oben genannten Postulat von der Gleichförmigkeit der Bewegungen auf Kreisbahnen. Durch Verlagerung der Sonne ins Zentrum aller Planetenbahnen konnte er diesen Makel weitgehend beheben.

Ferner war ihm klar, dass die scheinbare Schleifenbildung der Planetenbahnen mit Umkehrpunkten, Rückläufigkeit und Rechtläufigkeit nur daher rührt, dass wir als Beobachter auf der Erde uns gleichfalls auf einer Umlaufbahn bewegen. Er schreibt im *Commentariolus*: „Was bei den Wandelsternen als Rückgang und Vorrücken erscheint, ist nicht von sich aus so, sondern von der Erde aus gesehen." Die Schleifenbildung, die sowohl bei den inneren wie den äußeren Planeten zu beobachten ist, ist in Abb. 1.7 für einen äußeren Planeten dargestellt. Uns Heutigen, die wir wissen, dass die Bahnen der Himmelskörper durch *Zentralkräfte* bestimmt sind, ist klar, dass ein Planet sein Schwerezentrum nicht abwechselnd vor- und rückläufig umkreisen kann. Deshalb bedeuten gerade die scheinbaren Schleifenbahnen, die auch von Laien und ohne Fernrohr beobachtet werden können, ein starkes Argument für die Bewegung der Erde und das heliozentrische System. Aber Kopernikus kannte den Kraftbegriff am Himmel noch nicht, und so war für ihn die Beseitigung der Schleifenbildung durch das heliozentrische System ein weniger gewichtiges Argument als die Rettung der Gleichförmigkeit der Bewegungen.

Über die Bahn des Mondes, des einzig verbliebenen treuen Vasallen der Erde, hatte Kopernikus sehr detaillierte Kenntnisse. Wie schon Ptolemäus, benutzte er außer dem Bahnkreis Epizykeln auf Epizykeln, um die komplexe Mondbahn zu beschreiben. Er schreibt: „Da also der Mond um den Mittelpunkt des größeren Epizykels ungleichförmige Kreisläufe beschreibt, erleidet dabei die Erste Ungleichheit mannigfache Änderungen. Hiervon kommt es, dass die größte Abweichung dieser Art bei Konjunktionen [d. h. Neumond] und Oppositionen [d. h. Vollmond] zur Sonne 4°56′ nicht überschreitet, in den Vierteln aber auf 6°36′ anwächst." Ebenso wusste er, dass die Mondbahn um 5° gegen die Ekliptikebene geneigt ist und „gegen den Sinn der Zeichen [d. h. Tierkreiszeichen] auf 19 Jahre eine Umwälzung um die Ekliptikachse kommt". (Gemeint ist der rückläufige Umlauf der Knoten der Mondbahn auf der Ekliptik mit einer Periode von 18,6 Jahren.)

Kopernikus hat sein Leben lang an seinem großen Werk *De Revolutionibus Orbium Coelestium* (*Die Umdrehungen der himmlischen Sphären*) gearbeitet, in dem er die bereits im *Commentariolus* formulierten Hauptthesen seines neuen Weltsystems mathematisch untermauerte. Es wurde erst in seinem Todesjahr 1543 veröffentlicht. Eigentlich wollte er die Richtigkeit seines heliozentrischen Systems damit begründen, dass sich das Räderwerk der Kreise mathematisch einfacher gestaltete als im ptolemäischen System, und man erwartet das auch wegen der Beseitigung der Schleifenbahnen. Tatsächlich aber benötigte Kopernikus im *Commentariolus* 34 Kreise und im *De Revolutionibus* gar 48, davon jeweils vier für den Mond. Im *Almagest* hingegen waren nicht 80 Kreise nötig, wie Kopernikus behauptete, sondern deren nur 39 (Koestler 1959). So bleibt zu bemerken, dass er unser Sonnensystem zwar richtig dargestellt hat, aber nach modernem Verständnis den Beweis für seine Thesen nicht erbracht hat.

Die Nachricht von der Entthronung der Erde als Zentrum des Kosmos verbreitete sich rasch in Europa, doch dauerte es weit über 100 Jahre, bis sie allgemein akzeptiert wurde. Seine Zeitgenossen *Martin Luther* (1483–1546) und *Philipp Melanchthon* (1497–1560) lehnten die Theorie ab, da sie der Bibel widerspreche. Hingegen zeigte sich die katholische Kirche zunächst durchaus aufgeschlossen. Im Jahre 1533 ließ Papst *Clemens VII.* von seinem Privatsekretär *Widmannstadt* in den Vatikanischen Gärten vor einem ausgewählten Kreis einen Vortrag über das Kopernikanische System halten, der günstig aufgenommen wurde. Drei Jahre später wiederum forderte Kardinal *Schönberg*, der das Vertrauen des Papstes besaß, Kopernikus nachdrücklich auf, seine „Entdeckungen der gelehrten Welt durch den Druck seines Werkes bekannt zu machen".

1.6 Neuzeit

Mit dem Beginn der Neuzeit emanzipierten sich die Astronomen (vor allem Tycho de Brahe, Kepler und Galilei) von den Planetenkatalogen und naturphilosophischen Anschauungen der Antike und stellten eigene, genauere Beobachtungen und Berechnungen an.

Der dänische Adlige *Tycho de Brahe* (1546–1601) war der Astronom, der im Vor-Fernrohr-Zeitalter die genauesten Positionsbestimmungen am Himmel durchgeführt hat. Auf der ihm vom dänischen König überlassenen Insel Hven (heute Ven) im Öresund erbaute er die Sternwarte *Uranienborg*, welche in der Tat die erste Sternwarte des Abendlandes war. Dort bestimmte er über 20 Jahre lang Planetenörter mit einer bis dahin nicht gekannten Genauigkeit von zwei Bogenminuten. Tycho gewann seine Daten mithilfe eines in Nord-Süd-Richtung gemauerten, riesigen *Quadranten*, an dem er mittels Peilung die Winkelhöhe eines Gestirns über dem Horizont in dem Moment maß, in dem es hinter der Mauer verschwand. Er bestimmte somit den Zeitpunkt des *Meridiandurchgangs*[2] und die *Kulminationshöhe* des Gestirns.

An seiner Sternwarte gewann Tycho neue, wesentliche Erkenntnisse über die Mondbahn: Nicht weniger als vier verschiedene Arten von Bahnstörungen entdeckte er. Eine davon, die sog. *Jährliche Ungleichheit*, entdeckten Tycho und Kepler unabhängig voneinander (Kap. 11). Es gehört zu den ganz großen Leistungen der Astronomen von der Antike bis etwa zum Jahre 1610, dass sie sämtliche mit dem bloßen Auge wahrnehmbaren Bahnstörungen des Mondes erkannt und richtig voneinander abgegrenzt haben.

Tycho de Brahe hat ein eigenes geozentrisches Weltsystem postuliert (Abb. 1.2C): Hier drehen sich alle Planeten außer der Erde um die Sonne. Die Erde aber bleibt unbewegt und wird von der Sonne samt ihren Plane-

---

[2] Der Meridian (von lat. *circulus meridianus*=Mittagskreis) ist der durch den Ort des Beobachters verlaufende Längenkreis sowie die Projektion dieses Längenkreises an die Himmelskugel. Die Sonne passiert den Meridian um 12.00 Uhr wahrer Ortszeit. Jedes Gestirn erreicht bei seinem Durchgang durch den Meridian seinen täglichen Höchststand (Kulmination) über dem Horizont.

ten umkreist. Da in diesem (falschen) Modell alle *Relativbewegungen* dieselben sind wie im heliozentrischen System, kann hiermit auch die scheinbare Schleifenbildung der Planeten erklärt werden. Hieran sieht man, dass die Schleifenbildung zwar ein notwendiges, aber kein hinreichendes Indiz für die Bewegung der Erde ist. – Tycho ging 1599 als Hofastronom Kaiser *Rudolfs II.* nach Prag, wo er überraschend im Jahre 1601 nach einem Bankett an einem Harnleiterverschluss starb.

Johannes Kepler (* 1571 in Weil der Stadt bei Stuttgart, † 1630 in Regensburg) führte in der Astronomie erstmals allgemein gültige, von speziellen Gestirnen unabhängige Naturgesetze ein. Die ersten beiden seiner berühmten drei *Planetengesetze* (Kap. 6) veröffentlichte er in seiner *Astronomia Nova* (1609) und das dritte in *Harmonices Mundi* (*Weltharmonien*, 1619). Er war ein Verfechter des Kopernikanischen Weltbildes, warf die Epizykeltheorie über Bord und verwendete auch nicht mehr die ungenauen Sterntafeln der Antike (Koestler 1959). Nach verschiedenen Stationen kam er im Jahre 1600 als Angestellter Tychos nach Prag, wo er 1601 dessen Nachfolger als kaiserlicher Hofmathematiker und -astronom wurde. Seine ersten beiden Planetengesetze extrahierte er aus dem Beobachtungsmaterial Tychos am *Mars*, wohingegen Tycho selbst nicht in der Lage gewesen war, seine Messdaten in ein befriedigendes Ordnungssystem zu bringen. In seinem dritten Gesetz fand Kepler eine einfache Beziehung zwischen den Umlaufzeiten der Planeten und den großen Halbachsen ihrer Umlaufbahnen um die Sonne. Auch fand er dieses Gesetz im System der Jupitermonde bestätigt. Seine drei Gesetze sind allerdings noch keine dynamischen Gesetze, sondern rein kinematische Gesetze[3], denn die Zeit war noch nicht reif für die Begriffe Schwerkraft und Trägheit. Aber in der *Astronomia Nova* kommt Kepler dem Wesen der Gravitation intuitiv schon nahe, wenn er schreibt: „Die Schwere ist nichts anderes als eine körperliche und wechselseitige Zuneigung zwischen ähnlichen Körpern. Die schweren Körper tendieren […] zum Mittelpunkt des runden Körpers, dessen Teil sie sind; und wenn die Erde nicht kugelförmig wäre, würden die schweren Körper überhaupt nicht gegen ihren Mittelpunkt, sondern gegen verschiedene Punkte fallen."

Ebenfalls in der *Astronomia Nova* hat Kepler die *Gezeiten* qualitativ richtig gedeutet als eine Bewegung des Wassers „zu den Gebieten hin, wo der Mond im Zenit steht".

Sogar eine Science-Fiction-Erzählung schrieb Kepler, die erste im modernen Sinn, im Gegensatz zu den bis dahin bekannten Fantasie-Utopien. In seinem *Somnium* (*Ein Traum*), posthum 1634 veröffentlicht, fabuliert er eine

---

[3] Dynamik beinhaltet die Größen Raum, Zeit und Kraft. Kinematik beinhaltet hingegen nur die Größen Raum und Zeit.

abenteuerliche Reise zum Mond, wobei der Reisende aber stets den Gesetzen der Physik unterworfen bleibt. „Der Anfangsstoß der Beschleunigung ist das Schlimmste, denn der Reisende wird durch die Explosion von Schießpulver nach oben geworfen [...] Sobald der erste Teil der Reise vorbei ist, geht es leichter, weil der Körper der magnetischen Kraft der Erde entrinnt und in die des Mondes gerät, die nun die Oberhand gewinnt [...] An einer Stelle, da nämlich die magnetischen Kräfte der Erde *und* des Mondes den Körper anziehen und in der Schwebe halten, ist die Wirkung genau die gleiche, als wenn keine der beiden ihn anziehen würde."

Nach der Schilderung der Reise beschreibt er die Verhältnisse auf dem Mond: Ein Tag auf dem Mond, von Sonnenaufgang bis -untergang, dauert ungefähr 14 Erdtage und eine Nacht ebenso lang. Furchtbar sind die Temperaturschwankungen – glühend heiße Tage, eiskalte Nächte. Im *Somnium* ist der Mond von Geschöpfen bevölkert, die die Erde ihre Volva nennen (von lat. *revolvere* = rotieren). Die Scheibe der Volva verbleibt stets an derselben Stelle des Himmels, als ob sie dort „festgenagelt" sei; sie durchläuft aber Phasen von Vollvolva zu Neuvolva, genau wie unser Mond.

Das Fernrohr-Zeitalter: Vor der Erfindung des Fernrohrs war über den Mondkörper nichts anderes bekannt als sein Durchmesser sowie seine hellen und dunklen Oberflächenstrukturen, weshalb man den Mond in der Antike für ein Spiegelbild der Erde hielt. Die Erfindung des Teleskops durch den holländischen Brillenschleifer *Johann Lippershey* im Jahre 1608 löste in der Mondbeobachtung und generell in der Astronomie eine Lawine von Entdeckungen aus. Das Teleskop erbrachte einen so enormen Wissenszuwachs in der Astronomie wie später nur noch einmal die Entwicklung der Raumfahrt im 20. Jahrhundert.

Der Physiker, Mathematiker und Astronom *Galileo Galilei* (* 1564 in Pisa, † 1642 in Arcetri bei Florenz) gehörte zu den Männern der ersten Stunde, denn er war schon ein Jahr nach Lippershey in der Lage, selbst taugliche Fernrohre zu bauen (Drake 2007). Dabei handelte es sich um die Kombination einer langbrennweitigen Sammellinse als Objektiv mit einer kurzbrennweitigen Zerstreuungslinse als Okular. Diese Anordnung liefert ein seitenrichtiges und aufrechtes Bild und wird deshalb auch *terrestrisches Fernrohr* oder *Galilei-Fernrohr* genannt. Seine Vergrößerung ist gleich dem Verhältnis der beiden Brennweiten. Galilei brachte damit nach fieberhaften Laborversuchen bis zum Dezember 1609 ein Teleskop mit fast 30-facher Vergrößerung zustande. Mit diesem Gerät konnte er die Strukturen auf der Mondoberfläche richtig deuten und skizzenhaft darstellen (Abb. 1.8).

In seinem *Sidereus Nuncius (Der Sternenbote)*, den er in größter Eile im März 1610 in Venedig veröffentlichte, schrieb Galilei:

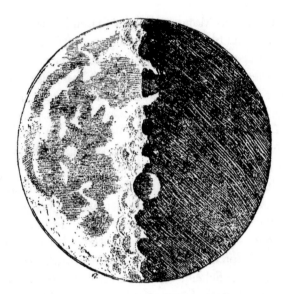

Abb. 1.8   Galileis Federzeichnung des abnehmenden Halbmondes (*Sidereus Nuncius*, 1610)

„Das uns zugewandte Antlitz des Mondes trenne ich in zwei Teile, einen helleren und einen dunkleren: Der hellere scheint die ganze Hemisphäre zu umgeben, der dunklere lässt sie fleckig erscheinen. Diese ein wenig dunklen und recht großen, für jedermann wahrnehmbaren Flecken wurden zu jeder Zeit gesehen; und deshalb werden wir sie die großen oder alten Flecken nennen, im Unterschied zu anderen, von geringerer Ausdehnung, die aber so häufig sind, dass sie die ganze Mondoberfläche übersäen, vor allem den heller leuchtenden Teil. Diese jedoch wurden vor uns von noch niemandem beobachtet. Durch die wiederholten Beobachtungen gelangten wir zu der Gewissheit, dass die Oberfläche des Mondes nicht glatt, gleichmäßig und von vollkommener Kugelgestalt ist, wie eine große Schar von Philosophen von ihm und den anderen Himmelskörpern glaubte, sondern ungleich, rau und mit vielen Vertiefungen und Erhebungen, nicht anders als das Antlitz der Erde, die durch unterschiedliche Bergketten und tiefe Täler gekennzeichnet ist." (Mudry 2005)

Eine erste Abschätzung der Höhe von Kraterrändern gewann er durch Messung der Schattenlänge des Sonnenlichts. Sein Wert von vier italienischen Meilen, entsprechend 7 km, ist allerdings zu hoch gegriffen.

Die Entdeckung, dass die Mondoberfläche strukturiert ist, erscheint uns heutzutage nicht mehr besonders sensationell, wurde aber zu Galileis Zeit heftig bestritten. Wie er bereits oben anmerkte, waren die aristotelischen Naturphilosophen immer noch davon überzeugt, dass sich am vollkommenen Himmel nur vollkommen glatte Kugeln bewegen könnten. Galilei argumentierte daraufhin völlig richtig, dass ein absolut glatter und darum spiegelnder Mond, auf den die Sonne schiene, für uns mit Ausnahme eines einzigen Punktes unsichtbar bliebe. Daher boten seine Gegner ihm als Kompromissvorschlag an, die Mondoberfläche bestünde aus einer durchsichtigen, glatten Kristallschicht, und darunter lägen die Berge und Täler, die er fälschlicherweise als Mondoberfläche angesehen habe. Auf diese absurde Idee konnte Galilei nur mit Spott antworten. Überhaupt wurde die Verwendung eines Teleskops zum Erkenntnisgewinn noch keineswegs akzeptiert. Man warf ihm vor, er sei optischen Illusionen zum Opfer gefallen: Was man durch gekrümmte Gläser sehe, existiere nur in diesen Linsen, denn es verschwinde, wenn man sie wegnehme.

Ebenfalls im *Sidereus Nuncius* beschrieb Galilei die vier lichtstärksten Monde des Riesenplaneten Jupiter. Dass unser Mond Brüder im Sonnensystem hat, entdeckte er in Padua am 7. Januar 1610 und unabhängig von ihm und nur einen Tag später (!) *Simon Marius* (1573–1624) im fränkischen Ansbach. Simon Marius (latinisierte Form von *Simon Mayr*) aus Gunzenhausen in Bayern war Hofastronom des Markgrafen von Brandenburg-Ansbach (Keller 2008). Während er zu Unrecht als Entdecker der Jupitermonde in Vergessenheit geriet, nennt man die neuen Trabanten heute die *Galilei'schen Monde*.

Kepler bekam die Jupitermonde erstmals im August 1610 mit einem Fernrohr zu Gesicht, das Galilei dem Kurfürsten von Köln geschenkt hatte und das an den kaiserlichen Hof nach Prag gelangt war. Kepler veröffentlichte seine Beobachtungen sofort und bestätigte darin Galileis Entdeckung. Daraufhin entwickelte Kepler selbst in seiner bedeutenden Arbeit *Dioptrik* (1611) die Grundlagen der optischen Abbildung und der Brechung des Lichts. Darin beschrieb er auch die Bauweise eines Fernrohrs, bei dem Objektiv- *und* Okularlinse Sammellinsen sind. Dieses *Kepler-Fernrohr* erzeugt ein auf dem Kopf stehendes Bild und wird deshalb auch als *astronomisches Fernrohr* bezeichnet. Das erste überlieferte Teleskop dieser Art wurde von dem Ingolstädter Jesuitenpater und Astronomen *Christoph Scheiner*, der neben Galilei der Mitentdecker der Sonnenflecken war, im Jahre 1613 realisiert.

Galilei war, ebenso wie Kepler, ein eifriger Anhänger des heliozentrischen Weltbildes. Dies verfocht er in seinem 1632 veröffentlichten astronomischen Hauptwerk, dem *Dialogo sopra i due Massimi Sistemi del Mondo, Tolemaico e Copernicano (Dialog über die zwei wichtigsten Weltsysteme, das Ptolemäische und das Kopernikanische)*, kurz *Dialogo* genannt. Dass er deswegen – im Gegensatz zu Kopernikus etwa 100 Jahre vorher – mit der katholischen Kirche in Konflikt kam, hängt unter anderem mit dem veränderten geistigen Klima in den katholischen Ländern zusammen, denn inzwischen befand man sich in der Zeit der Gegenreformation und des Dreißigjährigen Krieges. Weil er nicht bereit war, das Kopernikanische Weltbild als bloße Hypothese zu diskutieren, sondern als Realität ausgab, wurde ihm schließlich vor dem Heiligen

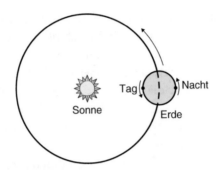

Abb. 1.9 Galileis Theorie der Gezeiten

Offizium (der Inquisition) in Rom der Prozess gemacht, wo er seiner Lehre abschwören musste und 1633 zu lebenslänglichem Arrest in seiner Villa in Arcetri verurteilt wurde. Zwar wird das geozentrische Weltbild in der Bibel nur indirekt angedeutet[4], dennoch hielt die Kirche unbeirrt daran fest. Sie war *nur im Fall stärkster Notwendigkeit* bereit, von der *wörtlichen* Interpretation der Bibel abzurücken, nämlich wenn ein zwingender Beweis für die Bewegung der Erde vorläge (Koestler 1959).

Es ist eine Ironie der Geschichte, dass Galilei (ebenso wie Kopernikus) diesen zwingenden Beweis nicht erbringen konnte. Zwar hatte er mit der Entdeckung der *Venusphasen* bewiesen, dass die Venus sich um die Sonne dreht, und auch mit der Auffindung der Jupitermonde gezeigt, dass es weitere Himmelskörper gibt, die sich *nicht* um die Erde drehen. Beide Befunde waren aber auch mit Tycho de Brahes Weltbild (Abb. 1.2C) in Einklang, welches Galilei allerdings für unhaltbar hielt.

Dass die Erde sich tatsächlich bewegt, wollte er anhand seiner *Gezeitentheorie* beweisen, die er in seinem *Dialogo* beschrieb. Er meinte, dass die Erdoberfläche sich auf der Nachtseite schneller bewege als auf der Tagseite, weil im ersteren Fall die Rotationsgeschwindigkeit um die Erdachse und die Bahngeschwindigkeit der Erde um die Sonne sich addierten, im letzteren Fall hingegen subtrahierten (Abb. 1.9). Deshalb würden die Wassermassen im einen Fall von der Erdoberfläche mitgerissen, im anderen Fall abgebremst, wodurch Ebbe und Flut entstünden. Da dem so sei, konnte Galilei die Argumentation auch umdrehen: Ebbe und Flut sind eine jedem bekannte Tatsache, also folgt daraus und aus seiner „Theorie", dass die Erde sich um die Sonne bewegt! Galilei hielt zeitlebens an dieser Theorie fest und hielt sie für so wichtig, dass

---

[4] In Josua 10,12, wo das Volk Israel die Amoriter bei Gibeon vernichtete, befahl Josua, dass die Sonne und der Mond stillstehe, und sie blieben stehen. Hieraus wurde damals geschlossen, dass Sonne und Mond sich normalerweise bewegen, aber die Erde stillsteht.
In 1. Chronik 16,30 heißt es: „Er [Gott] hat den Erdkreis gegründet, dass er nicht wankt."

er sein Werk *Dialogo* eigentlich „Dialog über die Gezeiten" nennen wollte. Dies aber wurde ihm von der Inquisition verboten, da hier schon im Titel ein Argument für die Bewegung der Erde ausgesprochen würde. Seine Gezeiten-theorie beruhte allerdings auf einem schlichten Denkfehler: Er betrachtete nämlich die Landmassen im System der ruhenden Sonne, die Wassermassen hingegen im System des ruhenden Erdmittelpunkts, was unkorrekt ist. Im Übrigen gibt es nach seiner Theorie nur einmal am Tag Flut, und zwar immer etwa in der Mittagszeit – obwohl bekanntlich zweimal am Tag Flut herrscht, deren Eintritt sich täglich etwas verschiebt. – Keplers Theorie von 1609, die die Gezeiten als Folge der Mondanziehung erklärt, war Galilei bekannt, doch lehnte er sie als Aberglauben ab.

Die Eigenbewegung der Erde kann nur relativ zu einem außerhalb des Sonnensystems befindlichen ruhenden Objekt (Fixstern) bewiesen werden. Diesen Beweis konnten weder Galilei noch irgendein anderer zu jener Zeit führen. Tatsächlich gelang es erst *James Bradley* im Jahr 1728 mit der stellaren *Aberration*, die Bewegung der Erde gegenüber den Fixsternen nachzuweisen. Die Aberration ist eine infolge der Bewegung der Erde und der endlichen Lichtgeschwindigkeit hervorgerufene scheinbare Ortsveränderung der Gestir-ne. Der maximale Aberrationswinkel – je nach Position des Fixsterns – beträgt nur 20 Bogensekunden!

Ein weiterer Beweis für die Bewegung der Erde ist die *Fixstern-Parallaxe*. Hierbei erscheint ein naher Stern von zwei Punkten der Erdbahn aus gese-hen – etwa im Frühling und im Herbst – gegenüber einem weit entfernten Stern unter etwas unterschiedlichen Winkeln. Es sollte noch ein weiteres Jahr-hundert dauern, bis es *Friedrich Wilhelm Bessel* in Königsberg 1838 gelang, erstmals eine Fixstern-Parallaxe mit dem äußerst kleinen Winkel von 0,35 Bogensekunden nachzuweisen. Und die Erdrotation konnte erst mit dem *Foucault'schen Pendel* (1851) anschaulich nachgewiesen werden. Das Koper-nikanische Weltbild wurde allerdings von der Fachwelt nicht erst akzeptiert, als diese zwingenden Beweise vorlagen, sondern spätestens im ausgehenden 17. Jahrhundert mit der Formulierung von Newtons Gravitationstheorie. In dieser Zeit haben auch jesuitische Missionare in China bereits das neue Welt-bild verbreitet.

In der zweiten Hälfte des 17. Jahrhunderts wurde die moderne Physik entwickelt, die vor allem mit dem Namen *Isaac Newton* (* 1643 in Wools-thorpe/Lincoln, † 1727 in London) verknüpft ist. Er war der Begründer der *klassischen Mechanik*, die heute noch Gültigkeit besitzt. In seiner berühmten *Mondrechnung* von 1666 fand er, basierend auf den Kepler'schen Planeten-gesetzen und Galileis Fallgesetz, das *Gravitationsgesetz*. Die Grundidee ist uns heute so geläufig geworden, dass wir ihre Genialität und Tragweite kaum noch richtig einschätzen können. Die Kraft, die einen Apfel zur Erde fallen lässt, und die Kraft, die den Mond auf seiner Bahn um die Erde hält, ist in beiden Fällen die Anziehungskraft der Erde. Newton berechnete, dass der Mond, in 60 Erdradien Abstand vom Erdmittelpunkt, in jeder Sekunde 1,4 mm von der geradlinigen Bewegung in Richtung zur Erde abweicht. Dass er nicht auf unseren Planeten stürzt, verdankt er allein seinem Schwung auf seiner Umlaufbahn. Ein Apfel hingegen fällt in der ersten Sekunde nach dem Loslassen um 4,9 m herab. Ein Vergleich dieser beiden Fallstrecken (und damit Fallbeschleunigungen) ergab, dass ihr Verhältnis $1/60^2$ beträgt, also gleich dem Kehrwert des Quadrats ihrer Entfernungen vom Erdmittelpunkt ist. Beide Fälle sind Spezialfälle eines allgemeinen Kraftgesetzes, nach dem alle Massen einander anziehen.

Niedergelegt hat Newton dies in seinem 1687 erschienenen Hauptwerk *Philosophiae Naturalis Principia Mathematica* (*Die mathematischen Prinzipien der Naturphilosophie*), in dem er auch die drei Newton'schen Axiome (Trägheitsgesetz, dynamisches Grundgesetz und *actio*-gleich-*reactio*-Prinzip) postulierte. Newton erklärte damit die Bewegung der Planeten um die Sonne und berechnete unter anderem die Masse des Mondes. Die Kepler'schen Gesetze lassen sich aus der *Newton'schen Mechanik* direkt herleiten, was in Kap. 6 gezeigt wird.

Die Erscheinung von Ebbe und Flut erklärte Newton richtig als Differenz von Gravitations- und Zentrifugalkraft ausgehend von Mond und Sonne (Kap. 9).

Newton hatte anscheinend eine faszinierende Einfachheit ins Weltgeschehen gebracht, indem er mit einem einzigen Gesetz, dem Gravitationsgesetz, eine Menge von Phänomenen erklären konnte. Aber die Einfachheit erwies sich als Illusion, was Newton selbst schmerzlich erfahren musste, als er daran ging, die Bewegung des Mondes genauer zu berechnen. Die Mondbahn ist keine einfache Kepler-Ellipse im Schwerefeld der Erde, sondern wird durch den Schwereeinfluss der Sonne gestört, sie ist ein sog. *Dreikörperproblem*. Erst durch sein universelles Kraftgesetz, nach dem im Prinzip alle Himmelskörper aufeinander Kräfte ausüben, wurde es möglich, das Mondproblem ernsthaft anzugehen. Genügend genaue Mondpositionen erhielt Newton von *John Flamsteed*, der 1676 als erster Königlicher Astronom auf der Sternwarte in *Greenwich* bei London einzog, die für die Belange der Navigation bei der Seefahrt errichtet worden war. Bei der Mondtheorie stieß Newton allerdings an seine Grenzen: Die Abweichungen zwischen seinen Berechnungen und den Messdaten betrugen acht bis zehn Bogenminuten, was er selbst als unbefriedigend ansah.

Das sehr komplexe Dreikörperproblem hat nach Newton noch viele Generationen von Mathematikern beschäftigt. Die Mondtheorie wurde im Wesentlichen im 18. und beginnenden 19. Jahrhundert durch den Schweizer *Leon-*

hard Euler (1707–1783) und die französischen Mathematiker *Alexis-Claude Clairault* (1713–1765), *Jean-Baptiste le Rond d'Alembert* (1717–1783), *Joseph-Louis de Lagrange* (1736–1813) und *Pierre-Simon Laplace* (1749–1827) entwickelt (Kopal 1969).

Zum einen stellte die Bewegung des Mondes den besten Test für die Newton'sche Mechanik dar. Zum anderen war die Verfeinerung der Theorie motiviert durch den Bedarf an genauen *Mondtabellen*. Damit konnten die Seefahrer ihre zu ungenauen Schiffsuhren korrigieren, um so die geographische Länge ihrer Position zu bestimmen. Der Mondlauf diente somit als „Himmelsuhr". Bereits 1714 hatte das britische Parlament einen Preis für die Lösung des *Längenproblems* ausgelobt.

Berühmt wurde der deutsche Astronom und Mathematiker *Tobias Mayer* (* 1723 in Marbach am Neckar, † 1762 in Göttingen) durch seine Mondtabellen, die erstmals 1752 im Druck erschienen. 1755 reichte er bei der britischen Regierung eine erweiterte Version ein, in denen Monddistanzen zu hellen Fixsternen als Funktion der Greenwicher Zeit auf fünf Bogensekunden genau berechnet waren. Aus der Differenz zwischen Greenwicher Zeit und wahrer Ortszeit – ermittelt aus dem Zeitpunkt der täglichen Sonnenkulmination – folgt unmittelbar die geographische Länge. Die wissenschaftliche Theorie, auf der Mayers Mondtafeln beruhten, wurde posthum unter dem Titel *Theoria lunae juxta systema Newtonianum* 1767 in London publiziert. Diese Methode setzte jedoch die Sichtbarkeit des Mondes voraus und war kompliziert anzuwenden.

Die Lösung des Längenproblems, die sich schließlich durchgesetzt hat, entwickelte der englische Uhrmacher *John Harrison* (1693–1776): Mit seinen erheblich verbesserten mechanischen Uhren konnte die Zeit auch unter den rauen Bedingungen der Segelschifffahrt bis auf wenige Sekunden pro Tag genau gemessen werden.

Der Ostertermin Die Berechnung des Ostertermins war über Jahrhunderte hinweg ein ganz wichtiger Ansporn für die Astronomie, denn das Osterfest sollte in allen katholischen und evangelischen Ländern weltweit am gleichen Tag gefeiert werden. Der Ostertermin war auf dem Ersten Konzil von Nicäa im Jahre 325 festgelegt worden als der erste Sonntag, der dem ersten Vollmond nach Frühlingsbeginn folgt. Danach ist der früheste Termin für den Ostersonntag der 22. März, der späteste der 25. April. Um das Osterdatum und die davon abhängigen beweglichen Feiertage des Kirchenjahres für jedes beliebige Jahr rechnerisch ermitteln zu können, entwickelte *Carl Friedrich Gauß* (* 1777 in Braunschweig, † 1855 in Göttingen) im Jahre 1800 eine geschlossene Formel, die auch als *Gauß'sche Osterformel* bekannt ist (Meeus 1992).

Mondkartographie Kurz nach Galileis erster Veröffentlichung von Mond-skizzen 1610 und der zunehmenden Verfügbarkeit von Teleskopen in Europa wurden diverse Mondkarten angefertigt (Brunner 2011). Die Namensgebung für Mondlandschaften kam in Mode, wobei Eitelkeit durchaus auch eine Rolle spielte. So musste der Holländer Michael Florent van Langren, genannt *Langrenus* (1598–1675), der im Auftrag von König *Philipp IV.* von Spanien arbeitete, seine Mondkarte mit Namen der königlichen Familie schmücken. Der heutige Oceanus Procellarum etwa wurde damals Oceanus Philippicus getauft. Wie man sich vorstellen kann, haben derartige Namen nicht lange überdauert.

Die ersten brauchbaren Mondkarten zeichnete der deutsch-polnische Astronom, Bürgermeister und Bierbrauer *Johannes Hevelius* (* 1611 in Danzig, † 1687 ebendort). Mit seinem Werk *Selenographia* (1647) gilt er als Begründer der *Selenographie*, der kartographischen Erforschung der Mondoberfläche. Den Mond beobachtete er unter anderem mit einem selbst konstruierten Teleskop von 45 m Länge! Die darin eingesetzten Linsen hatten wegen ihrer langen Brennweite geringere Abbildungsfehler als die damals üblichen. Seine sämtlichen Mondkarten sind kürzlich im Druck erschienen (Blühm 2009). Hevelius beschrieb auch als Erster die *Libration in Länge*, während Galilei die *Libration in Breite* entdeckte (Abschn. 5.7).

Die fantasievollen, zum Teil heute noch gültigen Namen für die Mond-landschaften gehen auf den jesuitischen Theologen und Astronomen *Giovanni Battista Riccioli* (1598–1671) in seinem 1651 erschienenen *Almagestum Novum* zurück. Wie der Titel dieses Werks erkennen lässt, fühlte er sich als ebenbürtiger Nachfolger des Ptolemäus von Alexandria, der den *Almagest* verfasst hatte.

Mitte des 18. Jahrhunderts erstellte der bereits erwähnte Tobias Mayer mehr als 40 Detailzeichnungen von verschiedenen Mondregionen und führte erstmals ein System von Längen- und Breitengraden ein.

Johann Hieronymus Schröter (1745–1816) errichtete in dem abgeschiedenen Moordorf Lilienthal bei Bremen eine Privatsternwarte, wo er die seinerzeit größten Spiegelteleskope Europas mit sehr guten Abbildungseigenschaften selbst fertigte. Bei der Mondbeobachtung baute er auf Mayers Karten auf und präzisierte Höhenunterschiede von Bergen und Kratern mittels der Schattenmethode. Die von ihm unter anderem eingeführten topographischen Begriffe *Rille* und *Crater* werden seitdem auch in der englischsprachigen Literatur verwendet.

Im 19. Jahrhundert wurde die Mondkartierung immer weiter perfektioniert. Der in Berlin arbeitende *Johann Heinrich von Mädler* (1794–1874) fertigte während 600 Nächten Zeichnungen der Mondoberfläche an, und seine detaillierten Karten waren jahrzehntelang das Standardwerk der Mondkartierung. In seiner *Mappa Selenographica* führte er zusammen mit seinem Freund

Wilhelm Beer ein neues System von topographischen Bezeichnungen ein, bei dem Sekundärkrater den Namen des Hauptkraters mit einem Zusatzbuchstaben erhielten. Übertroffen wurde dieses Werk im selben Jahrhundert nur noch durch den aus Eutin stammenden Astronomen *Johann Friedrich Julius Schmidt* (1824–1884), der in seinem Mondkatalog über 32.000 Krater verzeichnete. – Wurde die Theorie der Mondbewegung im 18. und 19. Jahrhundert vor allem von Franzosen entwickelt, so war die Mondkartierung in dieser Zeit eine Domäne deutscher Astronomen.

Während alle Mondkarten bis dahin auf visuellen Beobachtungen und Handzeichnungen beruhten, wurde ab der Mitte des 19. Jahrhunderts die damals erfundene Fotografie in Teleskopen eingesetzt. Einer der Pioniere der Astrofotografie war der Amerikaner *Lewis Morris Rutherfurd* (1816–1892), dessen hochaufgelöste Mondfotografien als „Rutherfurd-Monde" berühmt wurden (Blühm 2009). Zu den besten neueren fotografischen Atlanten zählt der von *Gerard Peter Kuiper* (1960).

1.7 Raumfahrt und bemannte Mondlandung

Den größten Impuls seit der Erfindung des Fernrohrs erhielt die Mondforschung durch die in den 1950er-Jahren beginnende Raumfahrt (Heiken et al. 1991; Jaumann und Köhler 2009; Röthlein 2008). Es mag eigenartig anmuten, aber die technischen Voraussetzungen dafür wurden nicht zuletzt durch die Rüstungsforschung im Zweiten Weltkrieg geschaffen. Vor allem drei militärische Entwicklungen waren es, die für das beginnende Raumfahrtzeitalter unabdingbar waren: Die Raketentechnik (Deutschland), der Computer (USA) und das Radar (alle großen Kriegsparteien).

Bereits im Jahre 1946 konnte mit einer Antenne des U.S. Army Signal Corps erstmals das Echo von *Radarimpulsen* vom Mond empfangen werden und in der Folge damit der Mondabstand höchst genau gemessen werden.

Im Oktober 1957 wurde von der Sowjetunion (UdSSR) der erste künstliche Satellit (*Sputnik 1*) in eine Erdumlaufbahn gebracht. Drei Monate später folgte der erste US-amerikanische Satellit, *Explorer 1*, in den *Orbit* (Umlaufbahn, von lat. *orbis* = der Kreis). Die Raumfahrt hatte begonnen, bei der die Sowjetunion zunächst deutlich in Führung lag.

Inzwischen hatte der Kalte Krieg begonnen, und in den USA empfand man die sowjetischen Satelliten als potenzielle militärische Bedrohung. Denn auch die Sowjets hatten Nuklearwaffen, und diese könnten von Satelliten auf Ziele in den USA abgeworfen werden (Brunner 2011). Erinnern wir uns an die damalige politische Situation, z. B. die seit dem Ende des Zweiten Weltkrieges schwelende Berlinkrise: Seit 1958 hatte der sowjetische Parteichef *Chrusch-*

tschow mehrfach gedroht, einen einseitigen Friedensvertrag mit der DDR zu schließen, falls die Westalliierten eine Umwandlung des Vier-Mächte-Status von Berlin in eine „Freie Stadt" ablehnten. Dies hätte die Verdrängung der Westmächte aus West-Berlin bedeutet und die Stadt den Sowjets preisgegeben. Als der damalige US-Präsident *John F. Kennedy* beim Gipfeltreffen mit Chruschtschow in Wien im Juni 1961 dieses Ultimatum erneut ablehnte, war der Weg für *Walter Ulbricht* frei, die Berliner Mauer zu bauen (13. August 1961). Oder denken wir an die Krise um das mit der Sowjetunion verbündete Kuba: Im April 1961 scheiterte die von der CIA unterstützte Invasion in der Schweinebucht in Kuba gegen die Regierung *Fidel Castro*. An den Rand eines Nuklearkrieges trieb die Welt schließlich auf dem Höhepunkt der Kubakrise im Oktober 1962, als die Sowjets Interkontinentalraketen auf Kuba und damit vor der Haustür der USA stationierten.

Vor diesem Hintergrund ist der Wettlauf der beiden Supermächte um den erdnahen Weltraum zu sehen: Es war ein politisch-militärisches Kräftemessen im Ost-West-Konflikt. Die enorme Anstrengung beider Seiten, als erste Nation den Mond zu erreichen und zu betreten, entsprang somit nicht primär wissenschaftlichem Interesse am Mond. Im April 1961 war es den Sowjets gelungen, den ersten Menschen (*Juri Gagarin*) in eine Erdumlaufbahn zu entsenden. Aufgerüttelt durch diesen Erfolg des Rivalen, hielt Präsident Kennedy am 25. Mai 1961 vor dem amerikanischen Kongress eine berühmte Rede, in der er das Ziel vorgab, „noch vor Ende dieses Jahrzehnts einen Menschen auf den Mond und sicher wieder zurück auf die Erde zu bringen". Dies war der Startpunkt des *Apollo*-Programms. Kennedy hatte dieses ehrgeizige Ziel formuliert, noch bevor die USA auch nur einen Menschen in den Weltraum entsandt hatten. Dies gelang erst im Februar 1962 mit *John Glenn* in einer *Mercury*-Kapsel.

Beunruhigend wirkte auch die strenge Geheimhaltung des sowjetischen Weltraumprogramms: Weder der Abschussort der Raketen (das Kosmodrom von Baikonur, in der Wüste der heutigen Republik Kasachstan) noch der Name des leitenden sowjetischen Raketenkonstrukteurs, *Sergej Koroljow*, war seinerzeit bekannt. Im Gegensatz dazu fanden die Anstrengungen der Amerikaner im vollen Licht der Öffentlichkeit unter Leitung der zivilen Behörde NASA (*National Aeronautics and Space Administration*) statt. John F. Kennedy hat den amerikanischen Erfolg im Weltraum nicht mehr erlebt. Er wurde 1963 ermordet. Die Präsidenten während der wesentlichen Mondmissionen waren *Lyndon B. Johnson* (November 1963–Januar 1969) und *Richard Nixon* (Januar 1969–August 1974).

Tabelle 1.1 gibt einen chronologischen Überblick über die wichtigsten Mondmissionen der USA (*Ranger, Surveyor, Lunar Orbiter, Apollo*) und der UdSSR (*Lunik, Luna, Zond*) bis 1976.

Tab. 1.1 Die wichtigsten Mondmissionen bis 1976

Mission	Datum des Starts	Leistung
Lunik 2	09/1959	Erster gezielter Aufprall auf dem Mond
Lunik 3	10/1959	Erste Fotos von der Mondrückseite
Ranger 7	07/1964	Aufprall; erste Nahaufnahmen von der Oberfläche
Luna 9	01/1966	Erste weiche Landung (im Oceanus Procellarum); Panoramabilder
Luna 10	03/1966	Erster Mondsatellit; Magnetfeldmessungen; erster Nachweis von Massekonzentrationen
Surveyor 1	05/1966	Erstes weich gelandetes automatisches Labor
Lunar Orbiter 1	08/1966	Mondsatellit; Fotos der Mondrückseite, Studien der Strahlenumgebung, Selenodäsie
Luna 13	12/1966	Weich gelandetes automatisches Labor; Oberflächenchemie
Lunar Orbiter 5	08/1967	Mondsatellit; Messung von Massekonzentrationen
Surveyor 5	09/1967	Weich gelandetes automatisches Labor; Oberflächenchemie, bodenmechanische Studien
Surveyor 6	11/1967	Weich gelandetes automatisches Labor; Oberflächenchemie; nimmt fast 30.000 Fotos auf
Surveyor 7	01/1968	Weich gelandetes automatisches Labor; untersucht das Umfeld des Tycho-Kraters
Zond 5	09/1968	Erster Vorbeiflug am Mond und Rückkehr zur Erde
Apollo 8	12/1968	Erster bemannter Mondorbiter
Apollo 10	05/1969	Erstes bemanntes Andock-Manöver im Mondorbit
Apollo 11	07/1969	Erste bemannte Mondlandung, im Mare Tranquillitatis (20.7.1969)
Apollo 12	11/1969	Zweite bemannte Mondlandung, im Oceanus Procellarum
Luna 16	09/1970	Erster automatischer Rückflug mit Bodenproben, im Mare Fecunditatis
Luna 17	11/1970	Erstes automatisches Mondmobil (Lunochod 1)
Apollo 14	01/1971	Dritte bemannte Mondlandung, im Fra-Mauro-Hochland
Apollo 15	07/1971	Vierte bemannte Mondlandung, im Hadley-Apenninen-Gebirge; erstes bemanntes Mondmobil

Tab. 1.1   (Fortsetzung)

Mission	Datum des Starts	Leistung
Luna 20	02/1972	Zweiter automatischer Rückflug mit Bodenproben, im Apollonius-Hochland
Apollo 16	04/1972	Fünfte bemannte Mondlandung, Mondmobil, Nähe Descartes-Krater
Apollo 17	12/1972	Sechste bemannte Mondlandung, Mondmobil, im Taurus-Littrow-Gebirge, Ausläufer des Mare Serenitatis
Luna 21	01/1973	Zweites automatisches Mondmobil (Lunochod 2), im Posidonius-Krater
Luna 24	08/1976	Dritter automatischer Rückflug mit Bodenproben, vom Mare Crisium

Abbildung 1.10 zeigt die Mondvorderseite mit den Namen der wichtigsten Landschaften und Krater sowie den Landeplätzen der Mondmissionen. Abbildung 1.11 gibt die Mondrückseite wieder. Die Mondansichten sind aus Fotos des US-Satelliten *Clementine* zusammengesetzt.

Im Jahre 1959 gelang den Sowjets mit der Raumsonde Lunik 2 die erste Crashlandung auf dem Mond, was damals als große Leistung galt. Nur drei Wochen später sendete Lunik 3 die ersten Fotos der bis dato nie gesehenen Mondrückseite zur Erde. 1966 erfolgten mit Luna 9 die erste weiche Mondlandung und die Übermittlung von Fotos des Mondbodens.

Ab 1966 hatten die Amerikaner mit ihren weich gelandeten Surveyor-Sonden den Vorsprung der Sowjets eingeholt. Mit dem Apollo-Programm schließlich haben sie den Wettlauf zum Mond gewonnen und Kennedys Versprechen wahr gemacht. Am 20. Juli 1969, also nur sieben Jahre nach dem ersten Amerikaner im Erdorbit, haben Menschen erstmals den sandigen Boden des Mondes betreten, am Südrand des Mare Tranquillitatis. Es waren die Astronauten *Neil Armstrong* (Kommandant) und *Edwin „Buzz" Aldrin* (Pilot) der Apollo-11-Mission, die mit der Landefähre *Eagle* auf den Mond abstiegen (Abb. 1.12), während *Michael Collins* im Kommando- und Servicemodul in der Mondumlaufbahn blieb. Dies war zweifellos eine Sternstunde des technischen Zeitalters und bis heute der Höhepunkt der Raumfahrt (Abb. 1.13). Der Start fand vor den Augen von über einer Million begeisterter Zuschauer am Cape Canaveral in Florida statt, und weitere 600 Mio. Menschen in aller Welt verfolgten den Countdown am Fernseher.

Der Aufwand für das Apollo-Programm war gigantisch: 20.000 Universitäten, Forschungsinstitute und Firmen mit über 400.000 Beschäftigten waren daran beteiligt, und die Kosten beliefen sich auf etwa $25 Mrd., was $120 Mrd. nach heutigem Wert entspricht.

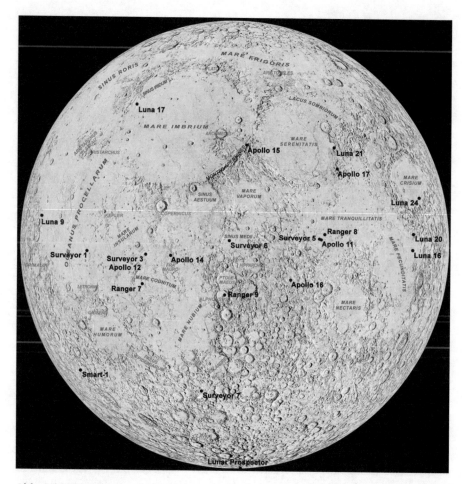

Abb. 1.10 Vorderseite des Mondes. Nord ist oben. Die Mondlandschaften sind *grün* und die Krater *rot* eingetragen. Außerdem sind die Landeplätze der sechs bemannten Apollo-Missionen und der meisten unbemannten Sonden markiert, die den Mond erreichten. (© USGS/DLR/M. Wählisch/S. Pieth)

Die wichtigste Voraussetzung für das Projekt war der Bau der dreistufigen Saturn-V-Trägerrakete, der stärksten jemals gebauten Rakete. Die Entwicklung lag in den Händen von *Wernher von Braun*, der im Zweiten Weltkrieg das deutsche V2-Raketenprogramm in Peenemünde geleitet hatte und nach dem Krieg verschiedene leitende Positionen in der amerikanischen Weltraumfahrt inne hatte und zuletzt Vizechef der NASA wurde. Ein paar Zahlen sollen die Ausmaße dieser Trägerrakete verdeutlichen: Ihre Höhe betrug 110 m, ihr Durchmesser 10 m, sie wog einschließlich Treibstoff knapp 3000 t und erreichte mit der Apollo-Nutzlast eine Geschwindigkeit von etwa 39.000 km/h = 10,8 km/s. Dies ist etwas weniger als die Fluchtgeschwindig-

Abb. 1.11   Rückseite des Mondes mit Maria (*grün*) und Kratern (*rot*). Nord ist oben
(© USGS/DLR/M. Wählisch/S. Pieth)

keit von der Erde, aber zum Erreichen des Mondes ausreichend. Das Gewicht
des Kommando- und Servicemoduls betrug 30 t und das der Mondlandefähre
15 t (jeweils vollgetankt). Die Masse der weich gelandeten Nutzlast betrug
somit weniger als 1 % des Startgewichts auf der Erde. Der Transport von 1 kg
Nutzlast auf den Mond kostet etwa 200.000 Dollar.

Bei den insgesamt sechs bemannten Mondlandungen der Apollo-Missionen
11, 12, 14, 15, 16 und 17 bis 1972 haben insgesamt zwölf Männer den Mond
betreten, und von jeder Landung wurde Mondgestein zur Erde gebracht. Insgesamt waren es 382 kg von verschiedenen Stellen des Mondes. Ab Apollo 12
konnte der vorherbestimmte Landeplatz mit hoher Zielgenauigkeit erreicht
werden. Der Kommandant von Apollo 12 steuerte die Landefähre wie einen

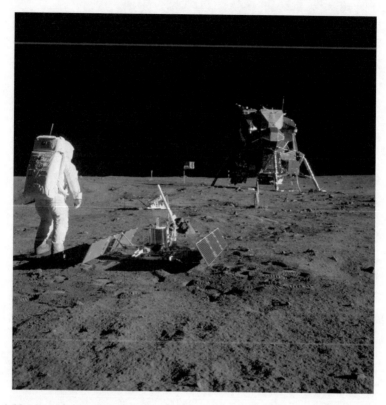

Abb. 1.12   Erste bemannte Mondlandung 1969 durch Apollo 11. Der Astronaut Aldrin steht neben einem Seismometer mit Solarmodulen, mit dem Mondbeben aufgezeichnet wurden. Im Hintergrund die Mondlandefähre. (© NASA)

Hubschrauber um mehrere kleine Einschlagkrater herum, bevor er zwischen zwei Kratern aufsetzte. Dieser Punkt lag nur 175 m von der Surveyor-3-Sonde entfernt, mit der dieser Landeplatz ausgesucht worden war. Bei den letzten drei Apollo-Missionen 15, 16 und 17 führten die Astronauten auch elektrisch betriebene Mondfahrzeuge (Rover) mit, die ihre Reichweite wesentlich vergrößerten (Abb. 1.14). Während bei der Apollo-11-Mission die beiden Astronauten nur 2,5 h auf dem Mondboden außerhalb der Mondfähre zubrachten, waren es bei den letzten drei Missionen jeweils 3 Tage. Die Dauer vom Start der Trägerrakete bis zur Wasserung der Kommandokapsel im Meer bei der Rückkehr betrug bei der ersten Mission 8 Tage und bei der letzten 12 Tage.

Auch die unbemannten sowjetischen Mondsonden Luna 16, 20 und 24 brachten mechanisch gewonnene Bodenproben vom Mond zur Erde, was eine Ingenieurleistung ersten Ranges war. Die Menge von insgesamt 321 g ist zwar nur ein Tausendstel der Menge der amerikanischen Mondproben, aber auch dieses Material ist von hohem wissenschaftlichem Wert, da es von

Abb. 1.13   Die Erde von Apollo 11 aus dem Mondorbit gesehen. Für einen Beobachter auf dem Mond steht die Erde immer still. (© NASA)

anderen Stellen der Mondoberfläche stammt. Die Mondsonden Luna 17 und 21 setzten ferngesteuerte Mondmobile ab, die 322 Tage bzw. 139 Tage lang in Betrieb waren und dabei 10,5 km bzw. die Rekordweite von 37 km auf dem Mond zurücklegten.

Auf der erdabgewandten Seite des Mondes gab es bisher noch keine einzige weiche Landung. Dies liegt unter anderem daran, dass kein Funkkontakt von dort zur Erde möglich ist, es sei denn über Relaissatelliten.

An fünf verschiedenen Landeplätzen wurden *Seismometer* zur Registrierung von Mondbeben aufgestellt, die halfen, den inneren Aufbau des Mondes zu erforschen: Apollo 11 installierte ein passives Seismometer (Abb. 1.12), während Apollo 12, 14, 16 und 17 passive und aktive seismische Experimente durchführten. So wurde beim Rückflug von Apollo 12 nach dem Umsteigen die Mondfähre abgekoppelt und gezielt 72 km entfernt vom Seismometer zum Aufschlag gebracht. Die Daten des folgenden Mondbebens wurden direkt an die Erde gefunkt. Bei Apollo 14 wurden durch Sprengladungen künst-

Abb. 1.14   Astronaut J. B. Irwin von Apollo 15 mit Mondrover am Landeplatz vor dem Mount Hadley im Apenninen-Gebirge. (© NASA)

liche Mondbeben erzeugt. Auch wurde das Mondbeben registriert, das durch den gezielten Einschlag der dritten Stufe der Saturn-V-Trägerrakete entstand.

An mehreren Landestellen haben die Astronauten sog. *Retroreflektoren* (Abb. 1.15) aufgestellt. Bis heute werden von der Erde zum Mond gesandte Laserlichtimpulse an diesen Spiegeln zur Erde zurückgesandt, woraus sich der Mondabstand höchst genau bestimmen lässt.

Zu der Fülle von Experimenten der Apollo-Missionen gehörten unter anderem bodenmechanische Untersuchungen, Wärmefluss- und Magnetfeldmessungen sowie Analysen der Atmosphäre und Registrierung des Sonnenwindes, der kosmischen Strahlung und des Gravitationsfeldes. Bohrkerne bis in 3 m Tiefe wurden mithilfe von batteriebetriebenen Drillbohrern gewonnen.

Tatsächlich hat der *space race*, der Wettlauf um die Vorherrschaft im Weltraum, dazu geführt, dass unser Wissen über den Mond binnen weniger Jahre um ein Vielfaches zugenommen hat. Noch bis kurz vor der Mondlandung wurde darüber gestritten, ob die Mondkrater durch Vulkanismus oder durch Meteoriteneinschlag entstanden sind, und über die Zusammensetzung der

Abb. 1.15   Retroreflektor für Laserlichtimpulse von der Erde (Apollo 11). (© NASA)

Mondoberfläche und seines Inneren gab es nur vage Vorstellungen. Aus dem Projekt einer politischen Machtdemonstration wurde schließlich ein triumphaler Erfolg der Wissenschaft.

Verschwörungstheorien Es soll nicht unerwähnt bleiben, dass es seit dem Buch *We Never Went to the Moon: America's Thirty Billion Dollar Swindle* von *Bill Kaysing* (1974) eine Vielzahl von Menschen gibt, die nicht an die bemannte Mondlandung glauben. Eine der verschiedenen Verschwörungstheorien nimmt an, dass zwar Astronauten am Cape Canaveral starteten (wofür es Millionen Augenzeugen gab), den Mond umkreisten und wieder auf die Erde zurückkehrten, aber nicht wirklich den Mond betreten haben. Dies wäre die Leistung, die bereits Apollo 8 vollbracht hat. Die in alle Welt übertragenen Bilder der Missionen Apollo 11 bis 17 vom Mondboden hingegen seien in Filmstudios und in der Wüste von Nevada aufgenommen worden. Dazu werden angebliche Ungereimtheiten bei den Fotos angeführt. All diese angeblichen Widersprüche sind aber längst hundertfach widerlegt worden. Im Internet kann sich jedermann unter *Apollo Image Gallery* über 1000 Fotos betrachten, die nicht nur den Ablauf jeder einzelnen Mission genau dokumentieren, sondern auch die besonderen Oberflächenstrukturen des Mondes zeigen, die auf der Erde nicht anzutreffen sind. Wer Bildmaterial grundsätzlich misstraut, der sollte sich jedoch von der Existenz der vielen Bodenproben überzeugen lassen, die von Wissenschaftlern in aller Welt genauestens analysiert wurden und immer noch werden. Es ist für Experten nicht schwierig, sie von Erdgestein zu unterscheiden!

Die Skepsis der Verschwörungstheoretiker bezeugt ja geradezu, wie ,unglaublich' großartig die Leistung der sechs bemannten Mondlandungen war. Vielleicht ist auch die Skepsis, die durch angebliche Widersprüche bei den Fotos begründet wird, in Wahrheit ein irrationales Unbehagen, dass mit dem Betreten des Mondes die natürliche Ordnung der Welt verletzt worden sei. Seitdem Astronauten auf dem Mond herumspazierten, hat er für viele Menschen etwas von seinem magischen Reiz und poetischen Zauber eingebüßt. Wird der Mond nicht durch die Fußspuren der Astronauten, die Radspuren der Rover und den hinterlassenen Müll entweiht? Das „Gestirn der Liebenden" wirkt reizvoll aus der Entfernung, doch beim Betreten entpuppt es sich als lebensfeindlich. Jahrhundertelang war die Reise zum Mond fabuliert worden, aber mit der Erfüllung dieser Sehnsucht verlor sie das Geheimnisvolle. Die Mutter des Autors hat noch romantische Gedichte an den Mond verfasst, doch spätestens seit der Mondlandung kann der Erdtrabant kaum noch anders als aus materialistischer Sicht betrachtet werden.

Nicht zuletzt durch die Mondlandung wurde uns bewusst, dass unser Nachbargestirn gar nicht astronomisch weit von uns entfernt ist: Die Astronauten benötigten vom Start bis zur Landung auf dem Mond nur 3 Tage, während der Flug zum nächsten Nachbarn, dem Mars, bereits ein halbes Jahr dauert. Der Weg zum Mond ist nur 20-mal so weit wie eine Reise von Deutschland nach Neuseeland. Und unsere Fernsehsatelliten, die geostationär über dem Erdäquator stehen, umkreisen die Erde in immerhin einem Zehntel der Mondentfernung.

1.8 Mondsonden in neuerer Zeit

Seit über vier Jahrzehnten wurde der Mond nicht mehr betreten und seit 1976 ist dort keine Sonde mehr weich gelandet. Obwohl immer wieder die Errichtung einer ständig bemannten Forschungsstation auf dem Mond diskutiert wurde und viele Ideen zur wirtschaftlichen Ausbeutung des Mondes existieren, hat der US-Präsident *Barack Obama* sich auf keinen Termin einer erneuten Mondlandung festgelegt. Zu hoch sind die Kosten und zu groß ist momentan die Staatsverschuldung. Zwar ist eine neue Schwerlastrakete bei der NASA in Planung, aber über ein konkretes Ziel dafür ist noch nicht entschieden worden.

Seit 1990 sind wieder zahlreiche Raumsonden in einen Mondorbit geschickt worden (Wilkinson 2010, Wikipedia: Mond). Auch hier haben die USA die größte Aktivität entfaltet, während Russland bis jetzt keine neue Mondsonde mehr gestartet hat. Neue Mitspieler bei der Monderkundung sind China, Japan und Indien.

Clementine hieß eine 1994 gestartete amerikanische Raumsonde, die auf einer polaren Umlaufbahn fast den gesamten Mond kartierte und sein Höhenprofil aufnahm. Sie ist ein Beispiel für effiziente Forschung mit geringem Kostenaufwand.

Die 1998 gestartete US-Sonde *Lunar Prospector* erstellte auf einer polaren Umlaufbahn eine komplette Schwerkraftkarte des Mondes. Der ferner angestrebte Nachweis von Wassereis am Südpol war jedoch nicht eindeutig.

Die *European Space Agency* (ESA) hat mit ihrer ersten Mondsonde *SMART-1* ein völlig neues Antriebssystem getestet. Diese Sonde wurde mit einer Ariane-Rakete hochgeschossen und hat dann den Erdorbit mithilfe eines solar-elektrischen Antriebs verlassen. Bei diesem System werden Xenon-Ionen in einem elektrischen Feld beschleunigt und erzeugen so einen Rückstoß. Solch ein Antrieb ist wesentlich effizienter als einer mit chemischer Verbrennung, was auch Gewichtsersparnis bedeutet. Allerdings ist der Schub geringer, weshalb die Sonde 13 Monate bis zum Mond benötigte. Dort hat sie 3 Jahre lang den Mond umkreist und dessen chemische Zusammensetzung erforscht.

Japan startete (nach einer ersten Experimentalsonde *Hiten* 1990) die Sonde *Kaguya* (*Selene*) 2007 in eine Mondumlaufbahn. Sie hatte 14 wissenschaftliche Instrumente an Bord, womit beispielsweise Stereobilder des Geländes und Höhenprofile mit einer Genauigkeit von 5 m gewonnen wurden. Ferner setzte sie zwei Hilfssatelliten ab, die die Mineralienverteilung und das Gravitationsfeld des Mondes abgerastert haben. Die Mission endete nach 2 Jahren mit einem geplanten Aufschlag.

Die Volksrepublik China, die bereits 2003 als dritte Nation nach der UdSSR und den USA einen eigenen Kosmonauten ins All geschickt hatte, startete 2007 die Mondsonde *Chang'e-1*. Das primäre Ziel der Sonde war die Analyse der chemischen und mineralogischen Zusammensetzung der Oberfläche. Stereokameras fotografierten die Oberfläche dreidimensional. Die Nachfolgesonde *Chang'e-2*, von 2010 bis 2011 im Mondorbit, hatte als Aufgabe, eine künftige weiche Mondlandung vorzubereiten. China strebt auch bemannte Mondlandungen an und hat dazu durchaus die technologischen und finanziellen Voraussetzungen.

Auch Indien hat 2008 mit *Chandrayaan-1* eine Mondsonde erfolgreich gestartet. Mittels Radar kann sie Wassereis bis zu einer Tiefe von mehreren

Metern im Untergrund entdecken. In kleinen, schattigen Kratern des lunaren Nordpols, die von der Erde aus nicht zu sehen sind, hat sie Wassereis entdeckt (Abschn. 3.3).

Die NASA sandte 2009 die Sonde *Lunar Reconnaissance Orbiter* (LRO, übersetzt: Mond-Aufklärungssatellit) in eine polare Umlaufbahn sehr geringer Höhe über der Oberfläche. Die Instrumente liefern unter anderem die Basis für hochaufgelöste Karten der gesamten Mondoberfläche und Daten zur kosmischen Strahlenbelastung. Im Jahre 2012 wurde ein Foto des Landeplatzes von Apollo 11 veröffentlicht, das mit höchster Auflösung aus nur 24 km Höhe aufgenommen wurde. Darauf sind neben dem Landemodul auch die Fußspuren der Astronauten zu erkennen, womit die Verschwörungstheorien zur Mondlandung entkräftet werden sollen.

Mit derselben Trägerrakete wurde auch der *Lunar CRater Observation and Sensing Satellite* (LCROSS) in eine polare Umlaufbahn geschickt. Die Sonde blieb zunächst mit der ausgebrannten Oberstufe der *Centaur*-Rakete verbunden, die 2009 abgekoppelt wurde und gezielt in einen Krater am Südpol einschlug. Die dabei aufgeworfene Partikelwolke wurde von LCROSS mithilfe von optischen Spektrometern analysiert. Dabei wurden Absorptionsbanden von Wasserdampf detektiert, ein direkter Nachweis von Wasser auf dem Mond.

Im Jahre 2012 umkreisten zwei NASA-Sonden mit der Bezeichnung *Gravity Recovery and Interior Laboratory* (GRAIL) den Mond in nur 23 km Höhe. Mithilfe dieses Tandems wurde das Schwerefeld und Schwereanomalien genau vermessen, um Aufschlüsse über den inneren Aufbau des Mondes zu gewinnen.

Literatur

Blühm A (Hrsg) (2009) Der Mond. Hatje Cantz Verlag, Ostfildern

Brunner B (2011) Mond. Die Geschichte einer Faszination. Verlag Antje Kunstmann, München

Drake S (2007) Galilei. Herder-Spektrum, Freiburg

Heiken G, Vaniman D, French BM (1991) Lunar Sourcebook. A User's Guide to the Moon. Cambridge University Press, New York

Herrmann J (2005) dtv-Atlas Astronomie. Deutscher Taschenbuch Verlag, München

Hinderer F (1977) Hipparch. Fassmann K (Hrsg) Die Großen. Leben und Leistung der sechshundert bedeutendsten Persönlichkeiten unserer Welt. S. 798–819. Kindler, Zürich

Hürter T (2006) Das Urwerk. DIE ZEIT 49:39 (30.11.2006)

Jaumann R, Köhler U (2009) Der Mond. Entstehung. Erforschung. Raumfahrt. Fackelträger, Köln

Keller HU (Hrsg) (2008) Kosmos Himmelsjahr 2009. Frankh-Kosmos, Stuttgart. S. 168 (Der vergessene Astronom (Simon Marius))

Koestler A (1959/1963) Die Nachtwandler (The Sleepwalkers). Fischer Scherz, Frankfurt

Kopal Z (1969) The Moon. Astrophysics and Space Science Library. D Reidel, Dordrecht

Meeus J (1992) Astronomische Algorithmen. Johannes Ambrosius Barth, Leipzig

Meller H (Hrsg) (2004) Der geschmiedete Himmel. Ausstellungskatalog. Theiss, Stuttgart

Mudry A (Hrsg) (2005) Galileo Galilei. Schriften, Briefe, Dokumente. 2 Bde. VMA-Verlag, Wiesbaden (C. H. Beck, München 1987)

Rossmann F (Hrsg) (1948) Nicolai Copernici de hypothesibus motuum coelestium a se constitutis commentariolus. H. Rinn, München

Röthlein B (2008) Der Mond. Neues über den Erdtrabanten. Deutscher Taschenbuch Verlag, München

Wikipedia – Die Freie Enzyklopädie: Mond. Zugegriffen: 23. Okt. 2012

Wilkinson J (2010) The Moon in close-up. A next generation astronomer's guide. Springer, Heidelberg

2

Der Erdmond – ein besonderer Mond

Dieses Kapitel behandelt in Kurzform das Sonnensystem, seine Entstehung und seine Monde. Des Weiteren wird diskutiert, welche Planeten und Monde unseres Sonnensystems die Voraussetzungen für Leben erfüllen und ob der Mond für das Leben auf der Erde erforderlich ist. Das Kapitel schließt mit einem Ausblick auf die zukünftige Entwicklung des Erde-Mond-Systems. Die verwendeten Maßeinheiten und Konstanten sind in Anhang 1 und 2 zusammengestellt.

2.1 Planetensystem, Ekliptik, Tierkreis und Jahreszeiten

An die Sonne, unser Zentralgestirn, sind acht Planeten gebunden. Dies sind, in der Reihenfolge ihres Abstands von der Sonne, die mit bloßem Auge sichtbaren und seit der Antike bekannten Planeten *Merkur, Venus, Erde, Mars, Jupiter* und *Saturn*. Hinzu kommen *Uranus* und *Neptun*, die 1781 bzw. 1846 entdeckt wurden. *Pluto*, dem erst 1930 entdeckten neunten und bei Weitem kleinsten Planeten, wurde der Status eines Planeten durch die Internationale Astronomische Union (IAU) im Jahre 2006 wieder aberkannt. Er zählt seitdem zur Gruppe der Zwergplaneten.

Die Erde läuft einmal im Jahr um die Sonne; dabei rotiert sie einmal pro Tag um die eigene Achse. Die Sonne dreht sich einmal in etwa 25 Tagen um sich selbst.

Von der Erde aus gesehen bewegt sich die Sonne scheinbar auf einer Bahn vor dem Hintergrund der Fixsterne, welche *Ekliptik* genannt wird (Abb. 2.1). Ein Umlauf der Sonne auf der Ekliptik dauert ein Jahr, entsprechend einer Bewegung von etwa 1° pro Tag (360°/365,24 Tage) von West nach Ost. Die Ebene der scheinbaren jährlichen Sonnenbahn, also die Ebene der Ekliptik, wird ebenfalls meist Ekliptik genannt. Sie ist mit der Bahnebene der Erde um die (ruhende) Sonne identisch, genauer gesagt mit der Bahnebene des gemeinsamen Schwerpunktes von Erde und Mond.

© Springer-Verlag GmbH Deutschland, ein Teil von Springer Nature 2013
E. Kuphal, *Den Mond neu entdecken*,
https://doi.org/10.1007/978-3-642-37724-2_2

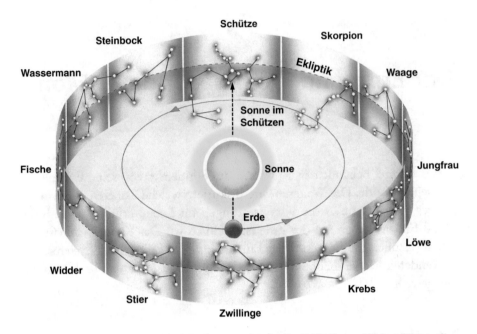

Abb. 2.1 Der scheinbare Lauf der Sonne durch die Eklipsternbilder. (Illustration von Frank Kliemt aus WAS IST WAS, Bd. 21: Der Mond © Tessloff Verlag Nürnberg)

Die Umläufe aller Planeten um die Sonne sowie auch der Umlauf des Mondes um die Erde erfolgen *rechtläufig*, vom Nordpol der Ekliptik aus gesehen also im Gegenuhrzeigersinn. Ebenso rotieren Sonne, Erde, Mond und die meisten Planeten rechtläufig um ihre eigenen Drehachsen. Die Bahnebenen aller Planeten und des Mondes sind nur schwach gegen die Ekliptik geneigt. Von der Erde aus gesehen bewegen sie sich deshalb immer in einer relativ schmalen, die Himmelskugel umspannenden Zone, in deren Mitte die Ekliptik verläuft. Aus diesem Grund kommt es nicht nur zu relativ häufigen Sonnen- und Mondfinsternissen, sondern auch zu *Konjunktionen* (Begegnungen) von Planeten untereinander oder mit der Sonne oder zu Planetenbedeckungen durch den Mond. Diese Himmelszone, die *Tierkreis* oder *Zodiakus* heißt, wird durch die zwölf *Tierkreissternbilder* oder *Eklipsternbilder* markiert. Diese sind:

Widder, Stier, Zwillinge (Frühling)
Krebs, Löwe, Jungfrau (Sommer)
Waage, Skorpion, Schütze (Herbst)
Steinbock, Wassermann, Fische (Winter)

Die Größen der Sternbilder an der Himmelskugel wurden 1925 durch internationale Vereinbarung festgelegt. Danach gibt es 88 Sternbilder, die den

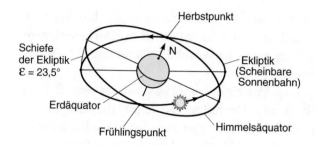

Abb. 2.2 Scheinbare Sonnenbahn und Schiefe der Ekliptik

Himmel lückenlos überdecken. Da die Sternbilder unterschiedlich groß sind, hält sich die Sonne verschieden lange in den einzelnen Tierkreissternbildern auf. So verweilt sie z. B. im Skorpion nur sechs Tage, durchläuft dann 18 Tage lang das 13. Sternbild Schlangenträger, welches gar nicht zu den Tierkreissternbildern gezählt wird, bis sie den Schützen erreicht.

In Abb. 2.2 ist die Sonnenbahn bezogen auf die scheinbar ruhende Erde dargestellt. Die Erdachse ist gegen das Lot auf der Ekliptik um 23,5° geneigt oder, was dasselbe ist: Der *Erdäquator* und der in den Weltraum hinein verlängerte *Himmelsäquator* sind um 23,5° gegen die Ekliptik geneigt. Diese Neigung nennt man auch *Schiefe der Ekliptik*. Ekliptik und Himmelsäquator haben zwei Schnittpunkte, den *Frühlingspunkt* und den *Herbstpunkt*. Wenn die Sonne diese Punkte passiert, ist *Frühlingsanfang* bzw. *Herbstanfang*; diese Zeitpunkte werden auch *Tag-und-Nacht-Gleiche* oder *Äquinoktien* genannt. Die Zeit zwischen zwei Durchgängen der Sonne durch den Frühlingspunkt heißt ein *tropisches Jahr* und dauert $T_{E,\,trop}$ = 365,2422 Tage (tropisch bedeutet hier: auf den Frühlingspunkt bezogen). Unser gregorianischer Kalender ist durch das Einfügen von Schaltjahren so konstruiert, dass im langjährigen Mittel ein Kalenderjahr gleich einem tropischen Jahr ist. Dabei fällt der Frühlingsanfang stets auf den 20. oder 21. März.

Frühlings- und Herbstpunkt liegen allerdings nicht raumfest am Fixsternhimmel, sondern wandern langsam auf der Ekliptik rückwärts. Dies rührt daher, dass die Erdachse nicht immer in dieselbe Richtung zeigt, sondern eine Taumelbewegung vollzieht, die man *Präzession* nennt (von lat. *praecedere* = vorangehen; bezieht sich auf das Voranschreiten des Frühlingspunktes auf der Ekliptik). Unser Planet verhält sich wie ein schräg stehender Kreisel. Hierbei taumelt die Erdachse auf einem Kegelmantel mit halbem Öffnungswinkel von 23,5°, dessen Achse senkrecht auf der Ekliptik steht. Damit taumelt auch der Himmelsäquator (Abb. 2.2), und folglich verschieben sich dessen Schnittpunkte mit der Ekliptik, also Frühlings- und Herbstpunkt. Der *Zyklus der Präzession* oder die *Präzessionsperiode* beträgt 25.700 bis 25.800 Jahre. Zwar verschieben sich Frühlings- und Herbstpunkt nur um 1° in 71 Jahren, sodass sie in einem Menschenleben als quasi raumfest angesehen werden können, aber in historischen Zeiträumen ist ihre Verschiebung bereits beachtlich: In 25.750/12 ≈ 2150 Jahren wandern sie um durchschnittlich ein Tierkreissternbild. Zurzeit liegt der Frühlingspunkt im Sternbild Fische und der Herbstpunkt im Sternbild Jungfrau.

In der *Astrologie* hingegen spricht man von *Tierkreiszeichen* oder *Zeichen*, die den Tierkreis in zwölf gleiche Abschnitte von je 30° der Ekliptikzone unterteilen. Die Folge der Tierkreiszeichen lässt man fest am kalendarischen Frühlingsanfang mit dem Widder beginnen, und am Herbstanfang tritt die Sonne in das Zeichen Waage. Die Astrologen ignorieren also die Bewegung des Frühlings- und Herbstpunktes relativ zu den Tierkreissternbildern, obwohl diese schon seit Hipparchos (Abschn. 1.3) bekannt ist. Die Astrologen haben den Himmelszustand, der in hellenistischer Zeit galt, bis heute unverändert beibehalten. In jener Zeit haben die Griechen die Tierkreis- und Planetenastrologie von den Babyloniern und Ägyptern übernommen. Heute sind die Tierkreiszeichen gegen die realen Tierkreissternbilder um etwa ein Sternbild nach vorne verschoben, weil in den gut zwei Jahrtausenden seit damals der Frühlingspunkt um etwa ein Zwölftel eines Vollkreises auf der Ekliptik rückwärts gewandert ist. Die astrologischen Tierkreiszeichen sind somit nichts anderes als *Namen für Zeitabschnitte* des Jahres ab Frühlingsanfang, die mit der wahren Position der Sonne auf der Ekliptik nur entfernt etwas zu tun haben.

Wie in Abb. 2.3 gezeigt, kreist die Erde samt Mond um die als ruhend betrachtete Sonne[1], wobei sich die Erdachse parallel im Raum verschiebt. Durch ihre jeweilige Neigung relativ zur Sonne entstehen die Jahreszeiten: Bei Frühlings- und Herbstanfang steht die Erdachse senkrecht auf der Verbindungslinie Erde–Sonne. Am 21. Juni ist die Erdachse mit 90° – 23,5° = 66,5° am stärksten der Sonne zugeneigt und am 22. Dezember mit 90° + 23,5° = 113,5° am weitesten von ihr weggeneigt. Diese beiden Daten markieren auf der Nordhalbkugel den Sommeranfang (= Sommersonnenwende = Mittsommertag) bzw. den Winteranfang (= Wintersonnenwende = Mittwintertag). Auf der Südhalbkugel gilt das entsprechend Umgekehrte. Diese beiden Zeitpunkte heißen auch *Solstitien (Sonnenstillstand)*, weil – wieder im Bild der bewegten Sonne (Abb. 2.2) – die Sonne dann ihren höchsten oder niedrigsten Stand über dem Himmelsäquator hat, also ein Maximum bzw. Minimum durchläuft und damit sozusagen „stillsteht".

---

[1] Tatsächlich gibt es im Kosmos keine ruhenden Objekte; unser Sonnensystem bewegt sich innerhalb unserer Galaxie, der Milchstraße.

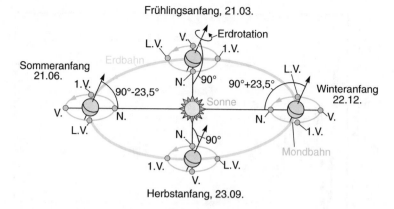

Abb. 2.3 Umlaufbahn von Erde und Mond in Schrägansicht. Die Mondbahn ist hier relativ zur bewegten Erde gezeichnet, die Erdbahn hingegen relativ zur Sonne. Die Erdachse ist um 23,5° gegen das Lot auf der Ekliptik geneigt und verschiebt sich beim Umlauf der Erde um die Sonne parallel im Raum. Durch ihre jeweilige Neigung relativ zur Sonne entstehen die Jahreszeiten. N. = Neumond; 1.V. = erstes Viertel, zunehmender Halbmond; V. = Vollmond; L.V. = letztes Viertel, abnehmender Halbmond

2.2 Die Entstehung des Sonnensystems

Nach gängiger Auffassung, die sich auf die Beobachtung unter anderem heute neu entstehender Sonnen und auf Modellrechnungen stützt, ist unser Sonnensystem etwa folgendermaßen entstanden:

Vor rund 4,6 Mrd. Jahren bewegte sich eine ausgedehnte Molekülwolke um ein gemeinsames Zentrum innerhalb der Milchstraße. Dieser *Sonnennebel* bestand größtenteils aus den Gasen Wasserstoff und Helium sowie schwereren Elementen in Form von Molekülen und mikroskopisch kleinen Staubteilchen, die aus Resten explodierter Sonnen (= Sternen) einer älteren Sternengeneration stammten. Der Wasserstoff und der überwiegende Teil des Heliums waren bereits beim Urknall entstanden. Durch selbstständiges Zusammenballen aufgrund der Gravitation verdichtete sich diese Wolke stark. Daraus entstand zunächst eine Gaskugel, die sich im Laufe ihrer Verdichtung immer mehr erhitzte. Bei der Kontraktion nahm die Rotationsgeschwindigkeit der Gaswolke zu, denn der einmal vorhandene Drehimpuls bleibt erhalten. Darüber hinaus plattete sich die Gaswolke ab und erreichte schließlich die Form einer flachen Scheibe. Wie kam es zu der Form dieser *Akkretionsscheibe*? Senkrecht zu ihrer Drehachse konnte sich die Wolke nicht unbegrenzt verkleinern, das verbot die Drehimpulserhaltung; parallel zur Drehachse konnte sich das Gas jedoch ungehindert komprimieren. Akkretion bedeutet hier den Transport von Partikeln aus der Scheibe zum Zentrum, der wegen Drehimpulserhaltung nur möglich ist, wenn gleichzeitig Partikel auf der Scheibe nach

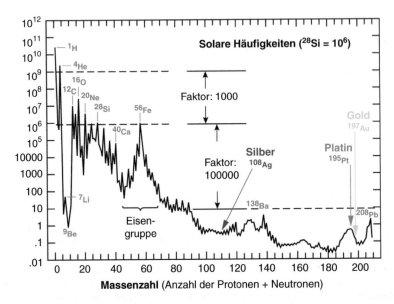

Abb. 2.4 Häufigkeitsverteilung der chemischen Elemente im Sonnensystem. Auf der horizontalen Achse ist die Massenzahl A (d. h., die Zahl der Protonen plus Neutronen im Atomkern) der Elemente und ihrer Isotope aufgetragen. Die Häufigkeit ist logarithmisch dargestellt und der Wert für Silizium-28 willkürlich auf 10^6 gesetzt. Einige markante Spitzen sind mit den zugehörigen Elementen bezeichnet. (© E. Müller, MPI für Astrophysik, Garching, und H.-Th. Janka. Aus: Supernovae und kosmische Gammablitze. Springer Spektrum 2011)

außen transportiert werden. Im Laufe von nur etwa 10 Mio. Jahren gingen aus der zentralen, stärkeren Verdichtung die junge Sonne und aus den kleineren Verdichtungen in den Außenbezirken Planeten sowie in deren Nachbarschaft wiederum Satelliten (Monde) hervor. Die Gestalt dieser rotierenden Urscheibe hat sich allen Planeten in Form eines gleichen Umlaufsinns und einer ungefähr gleichen Bahnebene (der Ekliptik) mitgeteilt. Schließlich kam bei der weiteren Verdichtung der jungen, rot leuchtenden Sonne die eigene Energieerzeugung durch Kernfusion in Gang. Die Sonne und das Planetensystem sind also gleichzeitig entstanden.

Die aus ehemaligen Sonnen stammende Materie enthielt neben Wasserstoff und Helium bereits schwerere chemische Elemente. Sie waren im Inneren massereicher Sonnen durch stufenweise Kernfusion, aufsteigend von leichteren zu immer schwereren Kernen, erzeugt worden (Abb. 2.4). Die heute im Planetensystem vorhandenen schweren Elemente bis hin zum Uran existierten also bereits in der interstellaren Wolke und sind nicht durch unsere Sonne produziert worden. Welch eine Vorstellung, dass somit z. B. alle Kohlenstoffkerne in unserem Körper älter sind als das Sonnensystem!

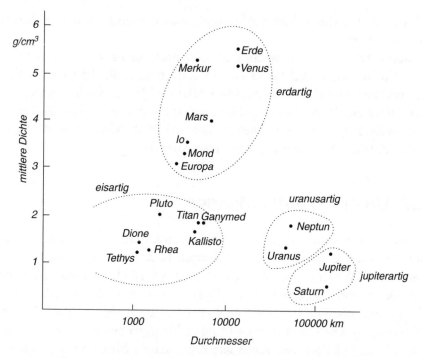

Abb. 2.5 Durchmesser-Dichte-Diagramm von Planeten und Monden

Die *erdartigen* oder *terrestrischen* Planeten Merkur, Venus, Erde und Mars sowie der Erdmond und einige andere Monde weisen schwerere Elemente in viel größerer Häufigkeit auf als die sonnenfernen *jupiterartigen*, *uranusartigen* und *eisartigen* Planeten und Monde (Abb. 2.5). Die erdartigen Gestirne bestehen im Allgemeinen aus einem Eisenkern und einem Gesteinsmantel, die letzteren Gruppen dagegen in unterschiedlicher Weise aus einem kleinen Gesteinskern, umgeben von leichten Atomen und Molekülen wie Wasserstoff, Helium, Wassereis und Methan. Die mittlere Dichte der erdartigen Himmelskörper liegt mit 3,0–5,5 g/cm³ deutlich höher als die der sonnenfernen mit 0,5–1,8 g/cm³.

Wie kam es zu dieser räumlichen Trennung von schweren und leichten Elementen? Die schweren Elemente fielen bereits bei höheren Temperaturen in Sonnennähe als Oxide und ähnliche Verbindungen aus und lagerten sich als Staubteilchen und zunehmend größere Partikel zusammen. Wasserstoff und Helium hingegen blieben gasförmig, denn sie kondensieren erst bei einer absoluten Temperatur[2] von 20 K bzw. 4 K. Diese sehr leichten Gase konnten deshalb vom *Sonnenwind*, der vor allem aus Protonen, Heliumkernen und

---

[2] Absolute Temperatur in Einheiten von Kelvin: $T_{abs}(K) = T(°C) + 273{,}15$

Elektronen besteht, welche der Sonnenkorona entstammen, nach außen geblasen werden.

Restbestandteile der Urwolke sind heute noch die Tausende von *Meteoroiden* (Kleinkörpern) und *Planetoiden* (Kleinplaneten), die die Sonne umkreisen und den *Asteroidengürtel* zwischen Mars und Jupiter sowie den sog. *Kuiper-Gürtel* jenseits der Neptunsphäre ausmachen. Ferner sind es die *Kometen* (Schweifsterne) sowie interplanetare Gase und Staub. Meteoroide, die auf die Erde oder den Mond prallen, nennt man *Meteorite*.

2.3 Ein Mond unter Monden

Monde sind Himmelskörper, die Planeten umkreisen. Die Zahl der uns bekannten Monde, welche die acht Planeten umkreisen, wächst ständig. Bis September 2008 ergab sich eine Gesamtzahl von 166 bekannten natürlichen Monden (Keller 2005; Voigt et al. 2012). Davon umrunden die allermeisten die riesigen Wasserstoffplaneten Jupiter (63), Saturn (60), Uranus (27) und Neptun (13). Die vier erdartigen Planeten hingegen besitzen zusammen nur drei Monde: Merkur und Venus haben gar keinen Mond, unsere Erde den einen Erdmond und Mars zwei nur 10 und 20 km große Trabanten. Viele der Monde sind allerdings kleine bis winzige Trabanten, denn die modernsten Großteleskope können Monde in Jupiterdistanz bis herab zu 2 km Durchmesser aufspüren. Zudem flogen Raumsonden an Jupiter und Saturn vorbei und *Voyager 2* auch noch im Jahre 1986 an Uranus und 1989 an Neptun. Auch diese Missionen haben etliche neue Monde ans Licht gebracht.

Betrachten wir hingegen nur Monde, deren Durchmesser größer als 1000 km sind, so schrumpft ihre Anzahl auf 15 zusammen. Ihre Durchmesserwerte sind in Klammern angegeben:

Erde   ein *Erdmond* (3474 km)
Jupiter   die vier Galilei'schen Monde *Io* (3643 km), *Europa* (3122 km), *Ganymed* (5262 km) und *Kallisto* (4821 km)
Saturn   *Titan* (5150 km) und vier Monde zwischen 1000 und 1600 km Durchmesser
Uranus   vier große Monde zwischen 1100 und 1600 km Durchmesser
Neptun   ein großer Mond – *Triton* (2707 km)

Ganymed und Titan sind sogar größer als Merkur (4880 km), der kleinste Planet. Nach diesen beiden sowie nach Kallisto und Io ist der Erdmond der fünftgrößte Mond im Sonnensystem (Abb. 2.6). Da man die beiden winzigen Marsmonde vernachlässigen kann, ist unser Mond der Einzige im Bereich der

Abb. 2.6 Die größten Monde des Sonnensystems. (© NASA/DLR)

erdartigen Planeten (Abb. 2.7). Vor allem aber ist er der zur Sonne nächstgelegene Mond und deshalb der Himmelskörper mit der am stärksten gestörten Bahn im gesamten Sonnensystem. Er ist also ein besonderer Mond!

Die Monde lassen sich grob in zwei Gruppen einteilen: Die *regulären Monde* umlaufen auf fast kreisförmigen Bahnen ihre Mutterplaneten etwa in deren Äquatorebene. Ihr Umlaufsinn ist rechtläufig, wie der der Planeten. Von den hier betrachteten 15 größten Monden gehören alle bis auf den Erdmond und den Neptunmond Triton zu dieser Gruppe.

Die Bahnen der *irregulären Monde* sind stark exzentrisch und zu den Äquatorebenen ihrer Mutterplaneten stark geneigt. Ihr Umlauf ist häufig auch *retrograd*, wie z. B. bei Triton.

Der Erdmond ist ein Sonderfall. Seine Bahn ist rechtläufig und nur schwach exzentrisch. Sie liegt ungefähr in der Erdbahnebene, um die sie lediglich um 5,1° geneigt ist. Somit ist sie um 23,5° ± 5,1° gegen die Erdäquatorebene gekippt.

Abb. 2.7 Größenvergleich von Erde und Mond. (© *links* NASA/GSFC, *rechts* NASA/GSFC/Arizona State University, Montage: DLR)

2.4 Voraussetzung für Leben im Kosmos

Alle Planeten und Monde unseres Sonnensystems haben zusammen lediglich eine Masse von 0,13 % der Sonnenmasse. Dennoch sind sie genauso wichtig wie der große Energiespender Sonne, denn nur auf ihnen konnte und kann sich Leben entwickeln.

Der Begriff Leben wird in der Naturwissenschaft als *Selbstorganisation der Materie* verstanden, d. h. die Fähigkeit spezieller Materieformen, bei geeigneten Randbedingungen selbstreproduktive Strukturen hervorzubringen. Welches sind aus astrophysikalischer Sicht die Randbedingungen, die gegeben sein müssen, damit solcherart Leben bestehen kann? Und welche Gestirne erfüllen diese Randbedingungen?

Alle irdischen Organismen enthalten als lebensnotwendige Substanzen hochmolekulare organische Verbindungen, unter anderem Nukleinsäuren und Proteine. Damit ein Gestirn ein Lebensraum sein kann, muss es daher als erste Voraussetzung „schwere" Elemente enthalten, denn neben Wasserstoff sind vor allem Kohlenstoff, Stickstoff, Sauerstoff, Phosphor und Kalzium die wichtigsten Bausteine der Biomoleküle. Dafür kommen nach Abb. 2.5 die vier erdartigen Planeten sowie der Erdmond und die Jupitermonde Io und Europa infrage.

Darüber hinaus muss die Oberflächentemperatur des Gestirns, die von seinem Sonnenabstand und der Beschaffenheit seiner Atmosphäre abhängt, für Leben geeignet sein. Oberhalb von rund 100 °C zerfallen die großen organischen Moleküle, und wesentlich unter 0 °C verlangsamen sich biochemische Reaktionen so stark, dass aktives Leben unmöglich wird. Von den oben genannten Gestirnen ist Merkur wegen seiner Sonnennähe viel zu heiß. Venus, die von Größe, Masse und Sonnenabstand der Erde am ähnlichsten ist (Keller 2004), hat gegenwärtig eine sehr dichte CO_2-Atmosphäre von 90 bar, die über den Treibhauseffekt bewirkt, dass am Boden 480 °C herrschen. Ohne ihre Atmosphäre hätte die Venus immer noch eine mittlere Oberflächentemperatur von 220 °C. Alle Himmelskörper jenseits des Mars sind hingegen zu kalt. Nach dem Temperaturkriterium bleiben also nur Erde, Mars und Erdmond als Kandidaten übrig.

Des Weiteren benötigen Organismen Wasser als Lösungsmittel und Transportmittel für den Stoffwechsel. Auch brauchen sie zum Bau ihrer Moleküle eine geeignete (unter anderem sauerstoff- und kohlendioxidhaltige) Gasatmosphäre oder zumindest im Wasser gelöstes Gas. Damit scheiden alle Gestirne aus, die zu massearm sind, um eine Atmosphäre an sich zu binden. Und bei fehlender Atmosphäre kann sich auch kein Wasser halten, denn es würde verdunsten und ebenfalls in den Weltraum entweichen. Somit scheidet auch unser Mond als Lebensraum aus. Darüber hinaus fehlt ihm auch jeglicher Kohlenstoff und damit der Grundbaustein organischer Moleküle.

Bleiben Erde und Mars übrig. Der Mars ist gegenüber der Erde etwa zehnmal leichter, und seine Entweichgeschwindigkeit an der Oberfläche beträgt nur 5,0 km/s (Erde: 11,2 km/s). Als Folge davon ist die Marsatmosphäre sehr dünn, mit einem Bodendruck von nur 0,6 % des irdischen Luftdrucks. Sie besteht zu 95 % aus CO_2 und unter anderem Spuren von Wasserdampf. Seine Masse scheint gerade noch genügend groß zu sein, um Leben beherbergen zu können. Ein Marstag dauert 24,6 h und ist damit fast identisch mit dem Erdentag. Auch seine Äquatorneigung gegen die Bahnebene von gegenwärtig 25° bedingt ähnliche Jahreszeiten wie auf der Erde. Allerdings sind die Bodentemperaturen wesentlich niedriger als auf der Erde: In Äquatornähe variieren sie zwischen + 15 und – 70 °C, an den Polkappen zwischen – 15 und – 140 °C. Diese Kälte resultiert zum einen aus dem größeren Sonnenabstand des Mars, zum anderen aus dem fehlenden Treibhauseffekt wegen seiner dünnen Atmosphäre. Als weitere Folge der dünnen Atmosphäre können auch die Leben zerstörende Ultraviolett-Strahlung (UV-Strahlung) der Sonne, der Sonnenwind und die kosmische Strahlung fast ungehindert den Marsboden erreichen.

Wasser in Form von Eis ist an den Polen des Mars definitiv nachgewiesen worden[3]. Wahrscheinlich hat der Mars vor 3 bis 4 Mrd. Jahren eine wärmere und feuchtere Phase durchlaufen. Somit ist denkbar, dass sich auf ihm Leben hat bilden können und dass es auch jetzt noch in sehr niederer Form in einzelnen Regionen existiert. Allerdings konnte dafür bislang kein Beweis erbracht werden.

Die Erde bietet, wie wir an uns erfahren, hervorragende Lebensbedingungen: Die Erdoberfläche ist im Mittel $+14\,°C$ warm; ohne die Atmosphäre und den damit verbundenen Treibhauseffekt betrüge die mittlere Temperatur nur $-18\,°C$. Dank der kurzen Rotationsperiode von 24 Stunden werden zu große Temperaturdifferenzen zwischen Tag und Nacht vermieden. Die gegenwärtige Zusammensetzung der Erdatmosphäre ist ideal: Ihr Sauerstoffgehalt von 21 % ermöglicht alle wichtigen Oxidationsvorgänge (unter anderem die Atmung), und der CO_2-Gehalt von 0,03 % ist Voraussetzung für die Photosynthese in den Pflanzen. Der Luftdruck von 1 bar bietet den Organismen Schutz vor der UV-Strahlung, dem Sonnenwind und der niederenergetischen Komponente der kosmischen Strahlung: So ist die pro Massen- und Zeiteinheit absorbierte Strahlenenergie (Dosisleistung) auf Meereshöhe fünfmal geringer als in 3000 m Höhe (z. B. Zugspitze). Das *irdische Magnetfeld* lenkt die geladenen Teilchen des Sonnenwindes von der Erde ab.

Die Stellung der Erdachse (Schiefe der Ekliptik) ermöglicht im Jahresverlauf eine gute Verteilung der eingestrahlten Sonnenwärme auf einen großen Teil der Nord- und Südhalbkugel, sodass Leben bis in hohen nördlichen und südlichen Breiten anzutreffen ist. Die Sonneneinstrahlung mit der *Solarkonstante* von $1{,}3\ kW/m^2$ an der Atmosphärenobergrenze ist der ideale Energiespender für alle Lebensvorgänge[4]. Sie sorgt unter anderem durch ihre Energieabgabe an die Meere und die Luftmassen für ein Wettergeschehen, das ständig neue Nährstoffe und Feuchtigkeit zur Verfügung stellt. Umweltveränderungen wie z. B. langfristige Klimaschwankungen, Vulkanismus und Plattentektonik sind nicht nur eine Bedrohung, sondern auch ein Impuls für die Anpassungsfähigkeit und Weiterentwicklung des Lebens.

Schließlich gilt Jupiter, der etwa 73 % der Masse aller Planeten auf sich vereint, als eine Art Staubsauger, der das Planetensystem in seiner Frühzeit von vielen Kleinkörpern „gesäubert" hat, sodass gegenwärtig nur noch selten Meteorite die Erde treffen.

---

[3] Der europäische Orbiter *Mars-Express* hat Anfang 2004 mit einer Kombination aus Kamera und Infrarotspektrometer Wassereis am Mars-Südpol zweifelsfrei identifiziert. Die amerikanische Marssonde *Phoenix* konnte im Jahre 2008 am Mars-Nordpol sogar ein Gemisch aus Eis und Sand vom Permafrostboden abkratzen, erwärmen und das Wasser durch Analyse vor Ort direkt nachweisen.

[4] Die Sonneneinstrahlung pro Quadratmeter entspricht somit etwa der Leistung eines haushaltsüblichen Wasserkochers.

Die Erde ist also wohl das einzig belebte Gestirn in unserem Sonnensystem. Und auch hier beschränkt sich das Leben auf eine nur wenige Kilometer dicke Oberflächenzone. Aber ist die Erde auch der einzig belebte Planet im gesamten Weltall? Sicherlich nicht! Es ist eine allgemeine Erfahrung, dass im Kosmos nichts einmalig ist und überall dieselben Galaxientypen, Sternsorten und chemischen Grundstoffe zu finden sind.

So begann die Jagd nach Planeten anderer Sonnen (*extrasolare Planeten, Exoplaneten*), an der sich mittlerweile etliche astronomische Institute weltweit beteiligen. Der Nachweis solcher Planeten ist schwierig, da sie sehr entfernt, sehr klein, ohne Eigenleuchten und durch ihre Muttersonne überblendet sind. 1995 war es soweit: Astronomen der Universität Genf fanden den ersten Exoplaneten in 40 Lichtjahren Entfernung. Der Nachweis gelang indirekt, über die sog. *Radialgeschwindigkeitsmethode*. Dabei wird die winzige periodische Bewegung eines Sterns um den gemeinsamen Schwerpunkt des Stern-Planeten-Systems gemessen (Keller 2007; Voigt et al. 2012). Aber auch diese Bewegung lässt sich nicht direkt beobachten, sondern wird über den *Doppler-Effekt* registriert. Dieser besagt, dass Frequenzlinien im Spektrum eines Senders (Sterns) zu höheren oder tieferen Frequenzen hin verschoben werden, je nachdem, ob der Sender sich dem Beobachter nähert oder sich von ihm entfernt.

Heute ist das am meisten verbreitete Verfahren die *Transit-Methode*: Mit einem Photometer misst das Teleskop die Helligkeit von Sternen extrem genau, um Helligkeitsschwankungen festzustellen, die auf den Durchgang eines Planeten vor dem anvisierten Stern hinweisen. Diese Methode kommt beim 2006 gestarteten Weltraumteleskop *CoRoT* der ESA und dem im März 2009 in eine Sonnenumlaufbahn geschickten Weltraumteleskop *Kepler* der NASA zur Anwendung.

Bis zum Januar 2013 wurden insgesamt 859 Exoplaneten aufgefunden, davon viele in Systemen mit zwei bis sieben Planeten. Neueste Berechnungen im *Institut d'Astrophysique de Paris* ergaben, dass im Durchschnitt jeder Stern der Milchstraße ein bis zwei Planeten hat. Die Meldungen überschlagen sich zurzeit, und jährlich wird von etwa 100 neuen Exoplaneten berichtet. Am ehesten lassen sich natürlich jupiterähnliche Gasriesen in großer Entfernung von ihren Muttergestirnen nachweisen, welche aber nicht als Lebensräume infrage kommen. Es wurden aber auch schon sehr viele Gesteinsplaneten entdeckt, von denen etwa 50 innerhalb der habitablen Zone liegen, in der flüssiges Wasser zu finden sein sollte. Ein halbes Dutzend davon kommt bezüglich Größe und Oberflächentemperatur der Erde einigermaßen nahe.

Doch leider ist es äußerst unwahrscheinlich, dass wir von diesen potenziellen Inseln des Lebens, von denen die nächsten mindestens einige zehn Lichtjahre entfernt sind, jemals ein Signal von intelligenten Wesen empfangen werden.

2.5 Wäre irdisches Leben ohne den Mond möglich?

Auf welche Weise kann der Mond die Erde und irdisches Leben beeinflussen? Aus physikalischer Sicht wechselwirkt der Mond mit der Erde durch seine Gravitationskraft und durch seine Lichtemission.

In Kap. 9 wird gezeigt, dass die Gravitationskraft des Mondes auf der Erdoberfläche durch die Fliehkraft (infolge der Drehung von Erde und Mond um ihren gemeinsamen Schwerpunkt) bis auf 3 % kompensiert wird. Diese verbleibende Kraft heißt Gezeitenkraft. Sie beträgt nur etwa 10^{-7} der Schwerkraft auf der Erdoberfläche! Weil die Gezeitenkraft so winzig klein ist, erreichen die Gezeiten, also Ebbe und Flut, auf den offenen Weltmeeren auch nur einen *Tidenhub* von 0,6 m und sind somit kaum nachweisbar. Wie kommt es dann, dass die Flutwellen an den Meeresküsten so eindrucksvoll die Wirkung des Mondes demonstrieren? Das liegt daran, dass der Erdball sich unter den beiden vom Mond erzeugten Flutbergen hinwegdreht. Dabei stoßen die Flutberge an die Kontinentalränder und können dort durch Stauwirkung ganz enorme Tidenhübe bewirken.

Die Tier- und Pflanzenwelt an den Küsten hat sich dem Rhythmus der zweimal täglichen Ebbe und Flut angepasst, so z. B. die Vögel, Wattwürmer und Pflanzen (etwa das Schlickgras) im Wattenmeer. Austern öffnen ihre Schalen bei Flut und schließen sie bei Ebbe. In Kalifornien nutzt der Grunion, ein Ährenfisch, die Springflut zu den *Syzygien*, also bei Vollmond und Neumond, um auf dem feuchten Sandstrand seine Eier abzulegen und mit Samenmilch zu befruchten.

Oft hört man das folgende Argument: „Wenn der Mond an den Meeresgestaden so gewaltige Flutwellen erzeugen kann, dann hat er auch einen Einfluss auf den Menschen." Diese Übertragung ist aber so nicht statthaft. Im menschlichen Körper ist die Mondanziehung (Gezeitenkraft) definitiv zu vernachlässigen. Sie bewirkt, dass ein 70 kg schwerer Mensch um max. 7 mg leichter wird, was er angesichts seiner sonstigen täglichen Gewichtsschwankungen überhaupt nicht spüren kann. Man kann diese winzige Gewichtsabnahme auch anders ausdrücken: Da das Gewicht mit der Entfernung vom Erdmittelpunkt abnimmt, genügt es, wenn man nur um 30 cm hochsteigt, um dieselbe Gewichtsabnahme zu erfahren wie durch den Mondeinfluss[5]!

Als Beispiel für den Einfluss der Mondphasen auf Lebewesen wird gern der Palolowurm zitiert (Keller 2010; Röthlein 2008). Diese etwa 40 cm langen

---

[5] Aus dem Gravitationsgesetz $F_G = const./R_E^2$ und $F_G(1 - 10^{-7}) = const./(R_E + \Delta R)^2$ folgt $\Delta R = 10^{-7} R_E/2 \approx 30\ cm$. Hierbei ist F_G die Gewichtskraft an der Erdoberfläche und R_E der Erdradius.

Meeresborstenwürmer leben unter anderem auf Korallenriffen im Südpazifik. Ihre Befruchtung findet jedes Jahr regelmäßig sieben bis acht Tage nach Vollmond im Oktober oder November statt (vielleicht wegen der dann herrschenden Nippflut?). Nach Mitternacht, wenn der abnehmende Halbmond aufgeht, brechen die Hinterenden der Palolos ab und steigen zur Meeresoberfläche auf. Dort platzen sie auf und setzen ihre Spermien und Eier frei. Die Fischer von Samoa warten bereits darauf und schöpfen diese schleimige, wimmelnde Masse gerne ab, denn sie gilt als eiweißreiche Delikatesse. Kaum geht die Sonne auf, verschwinden die Wurmteile wieder nach unten, genauso schnell, wie sie gekommen sind.

Auf das *Mondlicht* reagieren die Tiere unterschiedlich, je nachdem, ob dieses Licht für sie von Vorteil ist oder eine Gefahr darstellt. Zugvögel, z. B. Kraniche und Wildgänse, können bei ihrem nächtlichen Flug bei Mondschein die Landschaft besser erkennen, wohingegen nachtaktive Nagetiere aus Furcht vor Feinden weniger aktiv sind.

Auf das *Wetter* hat der Mond entgegen häufigen Behauptungen keinen messbaren Einfluss, denn die Gezeitenwirkung auf den Luftdruck der Atmosphäre beträgt maximal 0,1 mbar. Die Meinung, dass sich zu den Syzygien das Wetter ändere, ist schon deshalb unplausibel, weil die Syzygien für den gesamten Erdball gleichzeitig eintreten, und überall auf der Erde ändert sich das Wetter ganz bestimmt nicht.

Auch sorgt der Vollmond weder für vermehrte Autounfälle oder Selbstmorde, noch lässt er die Geburtenzahlen steigen. Zahlreiche Studien haben einen statistischen Zusammenhang widerlegt.

Man hat herausgefunden, dass Magnetfelder, vor allem wenn ihre Feldstärke variiert, einen Einfluss auf durch Enzyme gesteuerte biologische Vorgänge haben. Beispielsweise kann unser Wach-Schlaf-Rhythmus, der von Enzymen gesteuert wird, durch Magnetfelder verändert werden. Dasselbe gilt auch für die Gelbempfindlichkeit des Auges. Nun wird gelegentlich behauptet, dass der Mond das Magnetfeld auf der Erdoberfläche beeinflusst und dadurch auch auf die oben genannten biologischen Vorgänge einwirkt (Keller 2010). Hierbei ist zu bedenken, dass das vom Erdkern erzeugte magnetische Hauptfeld zu 95 % zur Feldstärke beiträgt, aber nur eine Ausdehnung von sieben Erdradien vom Erdmittelpunkt aus hat, wohingegen der Mond die Erde in 60 Erdradien Abstand umkreist. Weiter außen erstreckt sich die Magnetosphäre auf der sonnenabgewandten Seite der Erde als Schweif 100 Erdradien weit in den Weltraum. Dieses äußerst schwache Magnetfeld wird folglich vom Vollmond durchkreuzt. Dass dadurch aber die Feldstärke auf der Erdoberfläche messbar verändert würde, ist eine gewagte Hypothese. Sicherlich viel stärker wirkt sich die ständige Bewegung der Magnetosphäre aufgrund der variierenden Sonnenaktivität aus.

Gewisse Einwirkungen des Mondes auf den Menschen sind durchaus vorhanden. Allerdings unterliegen wir Menschen einer großen Zahl viel stärkerer Einflüsse aus der Umwelt, sodass die Wirkung des Mondes von völlig untergeordneter Bedeutung ist.

Wir wollen uns nun fragen, ob die Existenz des Mondes für das irdische Leben erforderlich ist. Was wäre, wenn wir den Mond nicht hätten?

Die Erde ohne Mond Ohne Mond hätten wir nur die Gezeitenwirkung der Sonne, die knapp halb so stark wie die des Mondes ist. Und wenn die Nächte immer so finster wären wie bei Neumond, hätten nachtaktive Tiere sich anders entwickeln müssen. Dies sind für das Erdenleben insgesamt aber eher zweitrangige Effekte. Wäre das Fehlen unseres Trabanten also kein ernsthafter Verlust für uns?

Stellen wir uns vor, wie sich die Erde in astronomischen Zeiträumen ohne den Mond entwickelt hätte. Kurz nach der Entstehung der Erde war der Tag vermutlich nur fünf Stunden lang, und der Mond hat im Laufe von 4,5 Mrd. Jahren die Erdrotation bis auf ihre heutige Tageslänge abgebremst. Ohne den Mond wäre es zwar nicht bei einem Fünf-Stunden-Tag geblieben, denn auch Sonne und Planeten üben eine – wenn auch schwächere – „Gezeitenbremse" auf die Erde aus, aber der Erdentag würde nur 15 h dauern. Dies wäre aber kein entscheidendes Problem für die Organismen, denn sie hätten sich der kürzeren Tageslänge angepasst.

Tatsächlich wäre unsere Welt ohne den Mond eine ganz andere, denn der Mond übt noch einen weiteren ganz entscheidenden Einfluss auf die Erde aus: Er stabilisiert die Erdachse. Der französische Astronom *Jacques Laskar* zeigte durch Computersimulationen (Laskar et al. 1993), dass die Erdachse im Laufe von Jahrmillionen zwischen 0° und 85° schwanken müsste, wenn der Mond nicht wäre. Diese Schwankung würde vor allem durch den Störeinfluss der großen Planeten Jupiter und Saturn verursacht. Die Erdachse hat heute eine Neigung von 23,5° gegen das Lot auf der Ekliptik. Dieser Winkel beschert uns die Jahreszeiten auf der Nord- und Südhalbkugel, wie wir sie kennen, und sorgt damit für ein lebensfreundliches Klima.

An einer kugelsymmetrischen Erde könnten die Anziehungskräfte anderer Gestirne kein Drehmoment ausüben. Die Erde ist aber nicht exakt kugelförmig, sondern ist an den Polen abgeplattet und am Äquator wulstartig aufgebaucht, da hier bei der Rotation die größte Fliehkraft angreift[6]. Diese

---

[6] Die Erdfigur stellt sich so ein, dass, von örtlichen Höhenunterschieden abgesehen, die Richtung der kombinierten Schwer- und Fliehkraft überall senkrecht zur Horizontebene ist. Dies führt dazu, dass der Erdradius am Äquator 21 km größer ist als an den Polen. Der Äquatorradius beträgt $R_{\ddot{A}qu} = 6378$ km, der Polradius $R_{Pol} = 6357$ km, woraus eine Abplattung von $f = (R_{\ddot{A}qu} - R_{Pol})/R_{\ddot{A}qu} = 0{,}0034$ resultiert.

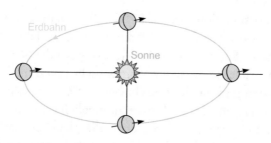

Abb. 2.8 Ohne die stabilisierende Wirkung des Mondes könnte die Erdachse nahezu in der Ekliptik liegen

geringe Abplattung hat bereits *Isaac Newton* entdeckt und recht genau bestimmt[7].

Am Äquatorwulst üben die Anziehungskräfte von Sonne, Mond und Planeten ein Drehmoment aus, auf den der Erdkreisel mit der in Abschn. 2.1 erläuterten Präzession reagiert. Die Präzession der Erdachse wird mehr durch den Mond als durch die Sonne bewirkt, denn die Gezeitenbeschleunigung des Mondes ist 2,2-mal so stark wie die der Sonne. Ohne den Mond würde die Erdachse mit einer Periode von 90.000 statt 26.000 Jahren taumeln, sich also langsamer bewegen. Dies hat bereits *Pierre-Simon Laplace* (1749–1827) gezeigt.

Würde nur ein zeitlich konstantes Drehmoment auf den Erdkreisel wirken, so würde er zwar präzedieren (taumeln), seine Achsneigung von 23,5° aber stets beibehalten. Die Himmelskörper unseres Sonnensystems üben jedoch zeitlich variierende Drehmomente auf die Erde aus. Da Jupiter und Saturn nicht in exakt der gleichen Ebene die Sonne umkreisen wie die Erde, ergeben sich wechselnde Winkel und Abstände zwischen ihnen und der Erde, die in langen Zeiträumen die Achsneigung verändern können.

Der Mond lässt die Erde zwar taumeln, hält ihre Achsneigung aber auch recht fest: Sie variiert im Laufe der nächsten Milliarde Jahre mit kürzerzeitigen Zyklen nur zwischen 22° und 25°. Der Mond wirkt also beruhigend auf die Erdachse und zähmt dadurch den Einfluss von Jupiter und Saturn.

Würde bei fehlendem Mond hingegen die Achsneigung, wie von Jacques Laskar berechnet, zwischen 0° und 85° schwanken, hätte dies katastrophale Folgen für das Erdklima: Bei einer Neigung von 60° oder mehr, wie in Abb. 2.8 gezeigt, wären die Jahreszeiten viel stärker ausgeprägt. Die Polar-

---

[7] Dem französischen Astronomen *Jean Richer* war 1672 bei einer Expedition in Äquatornähe aufgefallen, dass seine Pendeluhr dort langsamer ging als in Paris. Er konnte das Phänomen jedoch nicht erklären, und seine Kollegen witzelten, er habe einen Tropenkoller gehabt. Newton deutete den Effekt richtig als Folge der Abplattung an den Polen. Die Schwingungsdauer eines mathematischen Pendels ist $T = 2\pi\sqrt{l/g}$, hängt also nur von der Fadenlänge l und der Erdbeschleunigung g ab. Am Äquator ist g wegen des größeren Abstands vom Erdmittelpunkt, dem Gravitationszentrum, kleiner als in höheren geographischen Breiten; folglich schwingt ein Pendel am Äquator langsamer. (Natürlich muss auf die mit zunehmender geographischer Breite abnehmende Fliehkraft korrigiert werden.) Aus den experimentellen Daten berechnete Newton die Abplattung zu $f = 0{,}0043$.

gebiete würden sich im Sommer auf 80 °C aufheizen und im Winter im Frost versinken. Die tropischen Breiten hätten zweimal im Jahr arktische Winter und glühend heiße Sommer. In Mitteleuropa ginge die Sonne bei Temperaturen von 60 °C während mehrerer Monate nicht unter. Im Winter herrschte dagegen monatelang sonnenlose Nacht bei −50 °C. Ein solches Klima hätte die Entwicklung höherer Lebensformen unmöglich gemacht!

Der Mars hat ein solches Klima, denn die planetaren Störungen haben seine Drehachse im Laufe der Jahrmillionen zwischen 0° und 60° schwanken lassen – im Gegensatz zur Erde wird der Nachbarplanet nur von zwei winzigen Monden umkreist.

Fazit: Der Erdmond hat zwar gegenwärtig nur einen relativ geringen Einfluss auf das irdische Leben, aber über Jahrmillionen betrachtet verdanken wir seiner Anziehungskraft nicht weniger als unsere Existenz!

2.6 Vergangenheit und Zukunft des Erde-Mond-Systems

In historischen Zeiträumen betrachtet, ändert sich der Mondumlauf nicht merklich: Wir erinnern uns an die von dem Babylonier *Kidinnu* vor 2400 Jahren gemessene synodische Monatslänge, die mit der heutigen identisch übereinstimmt. In astronomischen Zeiträumen aber hat sich die Bindung des Mondes an die Erde sehr wohl geändert.

Der mittlere Abstand des Mondes von der Erde beträgt gegenwärtig 384.400 km und seine siderische Umlaufzeit 27,32 Tage (Abschn. 5.2). Kurz nach seiner Entstehung aber war der Mond viel enger an die Erde gebunden; auch waren die Rotationen von Erde und Mond um ihre eigenen Achsen schneller als heute. Wegen ihrer engen Nachbarschaft herrschten enorme gegenseitige Gezeitenkräfte, die die damals noch zähflüssigen Gesteine beider Himmelskörper in Bewegung setzten. Die dabei entstehende starke Reibung führte bei beiden zu einer Abbremsung der Rotation und mithin einer Verringerung ihrer Eigendrehimpulse. Hierdurch wiederum entfernten sich Erde und Mond voneinander und ihr Umlauf um den gemeinsamen Schwerpunkt wurde langsamer (Erklärung siehe unten). Die Abbremsung der Mondrotation hörte erst auf, seit er – wie bis heute – eine *gebundene Rotation* vollführt, bei der er uns stets dieselbe Seite zuwendet. Heute ist die Rotationsperiode des Mondes gleich einem siderischen Monat.

In späterer Zeit, als die Erdkruste abgekühlt war und sich auf der Erde bereits die Weltmeere ausgebildet hatten, bewirkte deren Gezeitenreibung eine weitere Zunahme der Tageslänge der Erde. Diese Zunahme hält immer noch

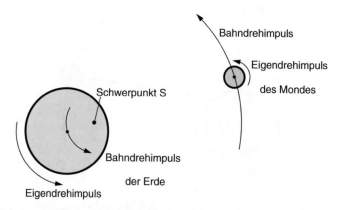

Abb. 2.9 Die Summe der vier Drehimpulse ist konstant

an: Solange die Erde sich nämlich schneller dreht als der Mond um die Erde, und damit die Flutberge umlaufen, erzeugt das Strömen des Wassers, das sich im Flutberg verschiebt, und besonders sein Anprall an die Kontinentalränder eine Bremsung der Erdrotation.

Dass der Mond den Erdentag verlängert, ist wissenschaftlich bewiesen: An Schliffen von Korallenstöcken kann man mikroskopisch Jahres- und sogar Tagesringe feststellen. An Korallen aus dem Erdzeitalter des Devon (vor 400 bis 360 Mio. Jahren) zählt man 400 ± 10 Tagesringe pro Jahresring. Dass die Jahreslänge sich ändern sollte, ist nicht plausibel. Demnach war der Devon-Tag um 10 % kürzer und dauerte nur 22 h. Dies entspricht einer mittleren Zunahme der Tageslänge bis heute um 20 Mikrosekunden pro Jahr. (Dieser langfristigen Bremsung der Erdrotation überlagern sich allerdings viel größere kurzfristige Schwankungen, z. B. durch Masseverlagerungen innerhalb der Erde.)

Wie werden sich Tageslänge und Mondabstand in der Zukunft verändern? Hierzu müssen wir uns ein klein wenig mit *Drehimpulsen* beschäftigen. Ebenso, wie der *Impuls* die „Bewegungsgröße" eines sich geradlinig bewegenden Körpers darstellt, so ist der *Drehimpuls* die „Bewegungsgröße" eines rotierenden Körpers. Und ebenso, wie der Impuls eines Körpers konstant bleibt, wenn keine äußere *Kraft* auf ihn wirkt, so bleibt auch der Drehimpuls eines rotierenden Körpers (oder Ensembles von Körpern) konstant, wenn kein äußeres *Drehmoment* auf ihn wirkt.

Abbildung 2.9 illustriert, dass der Gesamtdrehimpuls des Erde-Mond-Systems aus den Eigendrehimpulsen der Erd- und der Mondrotation und den Bahndrehimpulsen gemäß dem Umlauf der beiden Körper um den gemeinsamen Schwerpunkt besteht. Der Eigendrehimpuls des Mondes und der Bahndrehimpuls der Erde sind vernachlässigbar klein, denn sie tragen zusammen

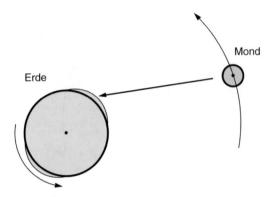

Abb. 2.10 Die Flutberge werden von der Erdrotation etwas mitgerissen und „beschleunigen" dadurch den Mond

nur 1 % zum Gesamtdrehimpuls bei. Wegen der Erhaltung des Gesamtdrehimpulses muss also der Eigendrehimpuls, der der Erde bei ihrer Abbremsung verloren geht, in einer Erhöhung des Bahndrehimpulses des Mondes wieder auftauchen. Wie kann man sich vorstellen, dass ein Teil des Drehimpulses von der Erde auf den Mond übertragen wird? Nun, die Flutberge befinden sich nicht exakt auf der Verbindungslinie Erde–Mond, sondern werden wegen der Reibung von der Erdrotation ein Stück weit mitgenommen und „beschleunigen" damit ihrerseits den Mond, wie in Abb. 2.10 skizziert ist.

Erhöht sich aber der Bahndrehimpuls des Mondes, so nimmt sowohl sein Abstand zur Erde als auch seine Umlaufzeit zu[8]. Entfernungsmessungen mittels Laserimpulsen ergaben, dass der Mond 3,8 cm jährlich von der Erde wegstrebt. Dieser Wert lässt sich auch aus der Zunahme der Tageslänge von 20 Mikrosekunden pro Jahr und Erhaltung des Gesamtdrehimpulses ermitteln[9].

---

[8] Der Bahndrehimpuls eines Planeten um sein Zentralgestirn ist gegeben durch $L = 2\pi \cdot ma^2/T$, wobei m seine Masse, a die große Halbachse seiner Bahnellipse und T seine Umlaufzeit sind. Mithilfe von $T \sim a^{3/2}$ (3. Kepler'sches Gesetz) kann man entweder T oder a eliminieren. Man erhält $L \sim a^{1/2}$ bzw. $L \sim T^{1/3}$. In Worten: Der Bahndrehimpuls eines Planeten ist proportional zur Wurzel aus seinem mittleren Abstand vom Zentralgestirn bzw. ist proportional zur dritten Wurzel aus seiner Umlaufzeit; vgl. auch Gl. (6.21).

[9] Die jährliche Zunahme Δr_M des Mondabstands ergibt sich aus der Drehimpulsbilanz: Der Gesamtdrehimpuls ist ungefähr gleich dem Eigendrehimpuls L_E der Erde plus dem Bahndrehimpuls L_M des Mondes, $L_{ges} \approx L_E + L_M$. Der Eigendrehimpuls ist $L_E = 2\pi \cdot J/T_{E,rot}$, wobei $J = 0{,}803 \cdot 10^{38}\,kg \cdot m^2$ das Trägheitsmoment der Erde und $T_{E,rot} = 23h\ 56\ min$ ihre Rotationsperiode ist. Der Eigendrehimpuls der Erde wird damit $L_E = 0{,}586 \cdot 10^{34}\,kg \cdot m^2/s$. Der Bahndrehimpuls des Mondes ergibt sich aus $L_M = 2\pi \cdot m_M r_2^2/T_{sid}$. Hierbei ist r_2 die große Halbachse der Mondbahn bezogen auf den Schwerpunkt des Erde-Mond-Systems (Abb. 6.9). Es ist $r_2 = r_M - r_1 = (384.400 - 4671)\ km = 379.730\ km$. Mit $m_M = 7{,}35 \cdot 10^{22} kg$ und $T_{sid} = 27{,}32\ d$ erhält man $L_M = 2{,}82 \cdot 10^{34}\,kg \cdot m^2/s$ sowie $L_{ges} \approx 3{,}41 \cdot 10^{34}\,kg \cdot m^2/s$. Das Verhältnis der Drehimpulse ist damit $L_E/L_M = 0{,}208$. Nach einem Jahr erhöht sich die Tageslänge um $\Delta T = 20\mu s$, folglich verringert sich der Eigendrehimpuls der Erde auf $L_E \cdot T_{E,rot}/(T_{E,rot} + \Delta T) \approx L_E(1 - \Delta T/T_{E,rot})$. Der Bahndrehimpuls erhöht sich auf $L_M(1 + \Delta r_M/r_2)^{1/2} \approx L_M(1 + \Delta r_M/2r_2)$. Wegen $L_{ges} = const.$ finden wir $-L_E\Delta T/T_{E,rot} + L_M\Delta r_M/2r_2 = 0$, und schließlich $\Delta r_M = 2r_2(L_E/L_M)\Delta T/T_{E,rot} = 2 \cdot 379.730\ km \cdot 0{,}208 \cdot 2{,}32 \cdot 10^{-10} = 3{,}7\ cm$.

Diese winzige jährliche Abstandszunahme lässt uns erahnen, dass die so stark erscheinende Wucht der an die Küsten anprallenden Flutwellen in Wahrheit sehr gering ist, verglichen mit dem im Erde-Mond-System enthaltenen Drehimpuls.

Blicken wir um 300 Mio. Jahre in die Zukunft, also in eine Zeit, die ebenso weit vor uns liegt wie die Entstehung der Steinkohle (Karbon-Zeitalter) hinter uns liegt, dann folgt aus den obigen Zahlen: Der Mondabstand wird um 3 % zugenommen haben, ein Mondumlauf von Neumond bis Neumond wird 30,9 statt 29,5 heutige Tage dauern und aus dem 24-Stunden-Tag wird ein 25,7-Stunden-Tag geworden sein. Ein Sonnenjahr wird folglich nur noch 341 Tage haben.

In noch fernerer Zeit schließlich – man schätzt, in 3 Mrd. Jahren – wird die Erdrotation so weit abgebremst sein, dass ein Erdentag gleich einem siderischen Monat ist. Erde und Mond werden dann in doppelt gebundener Rotation einander umkreisen, und der Mondabstand nimmt nicht mehr zu.

Wie lange wird ein Erdentag dann dauern? Da auf den Mondumlauf jetzt schon 83 % des Gesamtdrehimpulses entfallen, werden es bei radikal reduzierter Rotationsgeschwindigkeit der Erde fast 100 % sein. Daraus errechnet sich[10], dass in diesem „stationären" Zustand ein Erdentag und ein Monat 48 heutige Tage lang sein werden und der Mond dann rund 1,5-mal so weit entfernt sein wird wie jetzt. Von der Erde aus betrachtet wird der Mond dann am Himmel immer stillstehen und von einer Erdhälfte aus gar nicht mehr zu sehen sein. Auch werden die langen Tage und Nächte eine unerträgliche Hitze bzw. Kälte mit sich bringen. Wegen des größeren Mondabstands wird auch die stabilisierende Wirkung des Mondes auf die Erdachse nicht mehr wirksam sein – mit gravierenden Folgen für das Erdklima.

Wenn auch in jener fernen Zeit die durch den Mond hervorgerufenen Flutberge auf der Erde stillstehen werden, so gibt es trotzdem noch die von der Gezeitenkraft der Sonne herrührenden Flutberge, die mit der sehr langsamen Erdrotation umlaufen. Durch deren Bremswirkung entzieht die Sonne dem Erde-Mond-System Drehimpuls. Doch müssen wir uns darüber Gedanken machen? Gewiss nicht, denn das Schicksal der Erde und ihres Trabanten wird dann entscheidend von der stellaren Entwicklung der Sonne bestimmt werden.

---

[10] Im „stationären Zustand" ist der Bahndrehimpuls des Mondes gleich dem heutigen Gesamtdrehimpuls, also $L_{ges} \approx 3,41 \cdot 10^{34} kg \cdot m^2/s \sim r_\infty^{1/2}$. Nach dem 3. Kepler'schen Gesetz gilt $T_\infty/T_{sid} = (r_\infty/r_M)^{3/2}$. Hierbei sind r_M und T_{sid} die heutigen Werte des Mondabstands und seiner siderischen Umlaufzeit, r_∞ und T_∞ die entsprechenden Größen im „stationären Zustand". Mit den Drehimpulswerten der obigen Fußnote erhält man $r_\infty/r_M = (L_{ges}/L_M)^2 = (3,41/2,82)^2 = 1,46$. Somit wird $T_\infty = 48\ d$.

Die Strahlungsleistung der Sonne wird über die nächsten 1,1 Mrd. Jahre um 10 % steigen und um 40 % nach 3,5 Mrd. Jahren. Klimamodelle zeigen, dass der Anstieg dieser Strahlung für die Erde verheerende Folgen haben wird, unter anderem den Verlust der Ozeane. Man vermutet, dass die Erde für höhere Lebewesen noch etwa 500 Mio. Jahre bewohnbar sein wird, aber bald danach jegliches Leben ausgelöscht werden wird. In etwa 5 Mrd. Jahren wird die Sonne so weit ausgebrannt sein, dass sie sich in einen *Roten Riesen* verwandelt. Dabei wird sie sich bis zum 250-fachen ihrer derzeitigen Größe ausdehnen und somit bis zur Erde reichen. Spätestens dann wird sie dem einzigartigen Erde-Mond-Paar ein flammendes Grab bereiten.

In 8 Mrd. Jahren schließlich wird unsere Sonne zu einem *Weißen Zwerg* geschrumpft sein, in dem keine Kernfusion mehr stattfindet, der aber noch mehrere Milliarden Jahre benötigt, bis er gänzlich ausgekühlt ist.

Literatur

Keller H-U (Hrsg) (2004) Kosmos Himmelsjahr 2005. Frankh-Kosmos-Verlag, Stuttgart (S. 83, Sind Erde, Venus und Mars Geschwister?)

Keller H-U (Hrsg) (2005) Kosmos Himmelsjahr 2006. Frankh-Kosmos-Verlag, Stuttgart (S. 130, Wie viele Monde gibt es?)

Keller H-U (Hrsg) (2007) Kosmos Himmelsjahr 2008. Frankh-Kosmos-Verlag, Stuttgart (S. 222, Auf der Jagd nach fernen Planeten)

Keller H-U (Hrsg) (2010) Kosmos Himmelsjahr 2011. Frankh-Kosmos-Verlag, Stuttgart (S. 204, Die Magie des Mondes)

Laskar J, Joutel F, Robutel P (1993) Stabilization of the Earth's obliquity by the Moon. Nature 361:615–617

Röthlein B (2008) Der Mond. Neues über den Erdtrabanten. Deutscher Taschenbuch Verlag, München

Voigt HH, Röser H-J, Tscharnuter W (Hrsg) (2012) Abriss der Astronomie, 6. Aufl. Wiley-VCH, Weinheim

3

Der Mondkörper

3.1 Physikalische Eigenschaften

Größe und Masse Der Mond ist angenähert eine Kugel mit dem Radius $R_M = 1737$ km oder 27 % des mittleren Erdradius (6371 km). Seine Oberfläche beträgt 7,4 % der Erdoberfläche, was der Größe Afrikas samt der arabischen Halbinsel entspricht. Er hat eine Masse von $m_M = 7,35 \cdot 10^{22}$ kg oder 1/81,3 Erdmassen. Auch dies ist eine Besonderheit: Der Mond ist im Verhältnis zu seinem Mutterplaneten viel größer und massereicher als sämtliche Satelliten der anderen Planeten. Erde und Mond können daher auch als Zweiersystem oder Doppelplaneten betrachtet werden.

Aus Masse und Radius folgt die Dichte des Mondes zu 3,34 g/cm³ oder 61 % der mittleren Erddichte von 5,52 g/cm³. Die Monddichte ist jedoch gleich der Dichte des äußeren Erdmantels, was für das Verständnis der Mondentstehung bedeutsam ist. Die *Schwerebeschleunigung*[1] an der Mondoberfläche ist $g_M = 1,62$ m/s² oder ein Sechstel der Erdbeschleunigung. Somit könnte ein Mensch auf dem Mond sechsmal so hoch springen wie auf der Erde, wenn ihn sein Raumanzug nicht daran hindern würde.

Ein künstlicher Satellit um den Mond hat eine $\sqrt{81,3} \approx 9$-mal so lange Umlaufzeit wie ein Satellit um die Erde, bei jeweils gleichem Abstand vom Schwerpunkt des Gestirns (vgl. Gl. 6.18). Kreist ein Satellit in 300 km Höhe über der Oberfläche, so dauert ein Umlauf 90 min (Erde) bzw. 137 min (Mond).

Die Atmosphäre Die geringe Schwerebeschleunigung hat zur Folge, dass der Mond (so gut wie) keine Atmosphäre hat, denn die *Entweichgeschwindigkeit*[2]

---

[1] Die Fall- oder Schwerebeschleunigung ist nach dem Gravitationsgesetz $g_M = Gm_M/R_M^2$. Hierbei ist $G = 6,673 \cdot 10^{-11}\, Nm^2/kg^2$ die Gravitationskonstante. N = Newton, die Einheit der Kraft.

[2] Die Flucht- oder Entweichgeschwindigkeit v ist diejenige Geschwindigkeit senkrecht zur Mondoberfläche, die ein Körper oder ein Molekül mindestens haben muss, um dem Schwerefeld des Mondes zu entkommen. Berechnung von v: Ein Körper der Masse m benötigt zu Anfang die kinetische Energie $(m/2)v^2$, die gleich der zu überwindenden Differenz der potenziellen Energie $Gm_M m/R_M$ ist. Gleichsetzen der beiden ergibt $v = \sqrt{2Gm_M/R_M} = \sqrt{2g_M R_M}$.

© Springer-Verlag GmbH Deutschland, ein Teil von Springer Nature 2013
E. Kuphal, *Den Mond neu entdecken*,
https://doi.org/10.1007/978-3-642-37724-2_3

auf dem Mond von $v = 2{,}38$ km/s ist so gering, dass fast alle Gasmoleküle auf der von der Sonne jeweils auf etwa 120 °C erhitzten Mondhälfte in den Weltraum entweichen können. Das Fehlen einer Mondatmosphäre wird unter anderem durch folgende Beobachtungen bewiesen: Bei der Bedeckung eines Sterns durch die Mondscheibe erlischt das Licht des Sterns abrupt und leuchtet ebenso schlagartig am anderen Mondrand wieder auf. Auch können an der Grenze zwischen Tag- und Nachtseite des Mondes keinerlei Dämmerungseffekte festgestellt werden.

Ohne Atmosphäre gibt es auch keinen Schall: Auf dem Mond ist es totenstill, selbst bei Meteoriteneinschlägen!

Analysen, die erst durch die Mondlandungen möglich wurden, zeigen allerdings eine äußerst dünne Atmosphäre, die zu etwa gleichen Volumenanteilen aus den Gasen Wasserstoff, Helium, Neon und Argon besteht. Diese Atmosphäre resultiert aus dem Eintrag durch Sonnenwind und kosmische Strahlung (siehe unten), austretenden Gasen infolge von Kernreaktionen in der Oberflächenschicht sowie dem Entweichen von Gasen aus dem schwachen Schwerefeld des Mondes. Die Gesamtgasmenge beträgt nur 10.000 kg entsprechend $3 \cdot 10^{-14}$ kg/cm^2 Mondoberfläche. Verglichen mit dem Wert von 1 kg/cm^2 auf der Erde, handelt es sich somit um ein *Ultrahochvakuum*. Die Gasmenge in Bodennähe hängt auch deutlich von der Temperatur ab: In der kalten Mondnacht ist sie 20-mal größer als am Mondtag (Rees 2006).

Auf der Erde ist die Entweichgeschwindigkeit mit 11,2 km/s fast fünfmal so hoch, und erst oberhalb 600 km ist die mittlere freie Weglänge so groß, dass Teilchen entweichen können, wenn sie schneller als die Entweichgeschwindigkeit sind. Die mittlere freie Weglänge ist dabei die durchschnittliche Distanz, die ein Teilchen in einem Gas zwischen zwei Stößen mit anderen Teilchen zurücklegt.

Der Saturnmond Titan hat als einziger Mond unseres Planetensystems eine Atmosphäre. Obwohl die Entweichgeschwindigkeit von seiner Oberfläche nur 2,60 km/s beträgt, kann er seine Stickstoffatmosphäre halten, denn wegen der Sonnenferne ist es dort – 180 °C kalt.

Das Magnetfeld des Mondes und der Erde Der Mond besitzt gegenwärtig so gut wie kein Magnetfeld; es hat nur 1/500.000 der irdischen Feldstärke. Allerdings wurde bei einer eisenhaltigen, 4,2 Mrd. Jahre alten Mondprobe von Apollo-17 ein remanentes Feld gemessen, woraus die Autoren schlie-

---

Gasmoleküle stoßen ständig zusammen und ändern dabei ihre Geschwindigkeiten. Ihre Geschwindigkeitsverteilung wird durch die sog. Maxwell-Verteilung beschrieben, deren mittlere (thermische) Geschwindigkeit $v_{th} = \sqrt{3kT/m}$ ist. v_{th} ist also umso größer, je höher die absolute Temperatur T und je kleiner die Molekülmasse m sind. Beispiel: Bei 0 °C gilt für Wasserstoff $v_{th} = 1{,}84$ km/s und für Stickstoff $v_{th} = 0{,}49$ km/s. Je größer v_{th} ist, umso wahrscheinlicher ist es, dass einzelne Gasmoleküle die Entweichgeschwindigkeit v überschreiten.

ßen, dass der Mond zu dieser Zeit ein Magnetfeld der Stärke von mindestens 1 µTesla entsprechend 1/50 der irdischen Feldstärke besaß (Garrick-Bethell et al. 2009).

Wie kommt es, dass der Mond früher ein Magnetfeld hatte, es aber, im Gegensatz zur Erde, später verloren hat? Dazu wollen wir betrachten, wie das irdische Magnetfeld zustande kommt: Das erdnahe Magnetfeld – bis sieben Erdradien vom Erdmittelpunkt – wird durch elektrische Ströme im Erdinneren erzeugt. Die Erde hat einen recht großen metallischen Kern, bestehend aus Eisen und einem kleineren Anteil von Nickel, dessen Radius rund halb so groß wie der Erdradius ist. Dieser Kern ist in seiner inneren Hälfte fest und in seiner äußeren Hälfte aufgeschmolzen. Mit der langsamen Abkühlung der Erde wächst der feste, zentrale Bereich durch Kristallisation, und an der Phasengrenze fest/flüssig wird Kristallisationswärme frei. Weitere Energiequellen sind die thermische Energie aus der heißen Vergangenheit der Erde sowie der radioaktive Zerfall langlebiger Nuklide wie Thorium-232, Uran-235 und Uran-238 (Nuklide = Atomkernsorten; die hier angegebene Massenzahl ist die Summe der Zahl der Protonen und Neutronen eines Nuklids). Diese Wärme wird durch Konvektion des flüssigen Metalls zum kühleren Erdmantel transportiert, d. h., heißeres Eisen fließt in Richtung Oberfläche und kühleres nach innen. Da die Konvektionsströme elektrisch leitfähig sind, wird gemäß dem dynamoelektrischen Prinzip in einem schwachen Ausgangsmagnetfeld ein elektrischer Strom induziert, der seinerseits ein Magnetfeld aufbaut. Es führt zu einer verstärkten Induktion und erzeugt das Magnetfeld der Erde. Infolge der Erdrotation wird überdies eine Corioliskraft wirksam, die die Konvektionsströme von ihrer radialen Richtung ablenkt und längs der Erdachse ausrichtet. Durch diese Verwirbelungen erhöht sich die magnetische Feldstärke nochmals. Dieser komplexe Prozess wird unter dem Namen *Geodynamo* zusammengefasst. Das Erdmagnetfeld wird also nicht, wie man annehmen könnte, durch den festen Fe-Ni-Kern in Gestalt eines Dauermagneten erzeugt. Wegen der hohen Temperatur von etwa 5000 °C im Erdzentrum verlieren Eisen und Nickel nämlich ihre ferromagnetische Eigenschaft.

Beim Mond dagegen gibt es zwar Hinweise auf einen kleinen Metallkern mit einem flüssigen, äußeren Bereich (Abschn. 3.3), in dem aber die Konvektion zu gering ist, um ein messbares Magnetfeld zu erzeugen. Früher jedoch, als sein Kern noch heißer war, besaß der Mond ein Magnetfeld, welches in einigen Gesteinen heute noch eingefroren ist.

Sonnenwind und kosmische Strahlung Mangels Atmosphäre und Magnetfeld ist der Mond den ionisierten Teilchen des *Sonnenwindes* und der *kosmischen Strahlung* (Prölss 2001; Heiken et al. 1991) schutzlos ausgesetzt.

Der aus der Sonnenkorona entweichende Sonnenwind besteht zu etwa 96 % aus Protonen und zu 4 % aus Heliumkernen sowie wegen der elektrischen Ladungsneutralität aus ebenso vielen Elektronen. Der Teilchenfluss in Erdbahn-nähe ist ganz erheblich und beträgt im Mittel $3 \cdot 10^{12}$ Teilchen pro m^2 und Sekunde. Die kinetische Energie der Teilchen ist jedoch gering und entspricht einer mittleren Strömungsgeschwindigkeit von 470 km/s. Die Teilchen benötigen demnach im Mittel drei bis vier Tage, um die Strecke Sonne–Mond zurückzulegen.

Darüber hinaus gibt es eine harte Komponente des Sonnenwindes, bestehend aus hochenergetischen Protonen, 2 % Heliumkernen und Elektronen, die bei Sonneneruptionen frei werden. Diese treten unregelmäßig auf und hauptsächlich zu Zeiten, wenn die Sonne relativ aktiv ist. Die in einem solchen Sonnensturm (im Gegensatz zum Sonnenwind) emittierten Teilchen werden *solarkosmische Strahlen* (engl. *solar cosmic rays* = SCR) oder auch *solar energetic particles* genannt. Ihre Teilchenenergie ist bedeutend höher als die der Sonnenwindteilchen, ihr Teilchenfluss aber wesentlich geringer.

Außerdem wird der Mond von der *kosmischen Strahlung* getroffen. Darunter versteht man Teilchen (vor allem Protonen und 14 % Heliumkerne) sehr hoher Energie, die aus dem interstellaren Raum gleichmäßig von allen Seiten in die Heliosphäre dringen und deshalb auch *galactic cosmic rays* (GCR) genannt werden. Sie haben eine bis zu 10^7-mal höhere Energie als die Sonnenwindteilchen, jedoch ist ihr Teilchenfluss mit $(2-4) \cdot 10^4$ $m^{-2}s^{-1}$ in Erdbahnnähe um acht Größenordnungen geringer.

Strahleneffekte am Mond Jede der drei Strahlenarten erzeugt auf dem Mond spezifische Strahleneffekte. Der Sonnenwind löst durch sog. *Sputtering* (Zerstäuben) im obersten Mikrometer der Körner der Mondoberfläche Atome ab (Johnson 1996, Switkowski et al. 1977). Dies können mehrere Hundert abgelöste Atome pro einfallendem Teilchen sein; umgekehrt werden viele der einfallenden Ionen implantiert. So kommt es, dass diese Schicht mit Helium angereichert ist und ihre mineralische Struktur amorphisiert ist, was auf der Erde beides nicht der Fall ist.

Die solarkosmischen Strahlen erreichen Eindringtiefen von wenigen Zentimetern im obersten Mondboden, dem *Regolith* (Abschn. 3.2). In seltenen Fällen, die schwer vorherzusagen sind, können die Dosisraten von SCR sehr hohe Werte erreichen und stellen damit das größte Risiko für Strahlenschäden an Menschen auf dem Mond dar.

Die Protonen und Heliumkerne der galaktischen kosmischen Strahlung erzeugen beim Eindringen eine Kaskade von Sekundärteilchen, insbesondere Neutronen, die meterweit in den Regolith hineinreicht. Sowohl SCR wie GCR lösen im Mondboden Kernreaktionen aus, bei denen neue Nuklide entstehen, aber auch Edelgase (Helium, Neon und Argon), die aus dem Boden entweichen können.

Tiefenprofile derartig erzeugter Nuklide sind benutzt worden, um eine Zeitskala für die Durchmischung des Regoliths zu erstellen. So sind die obersten Zentimeter in einem Zeitraum von wenigen Millionen Jahren durchmischt worden, die tiefsten Teile der etwa 2 m langen von Apollo-Astronauten gewonnenen Bohrkerne hingegen in viel längeren Zeiträumen. Auf diese Weise kann man ein Expositionsalter der jeweiligen Oberfläche bestimmen, welches dazu beitragen kann, das Alter z. B. von Kratern zu datieren.

Wie wirken sich im Vergleich dazu auf der Erde diese drei Strahlungstypen aus? Die Erde ist durch ihre Atmosphäre und ihr Magnetfeld weitgehend dagegen geschützt. Der Sonnenwind wird durch das Magnetfeld von der Erde abgelenkt. Die bei Sonnenstürmen auftretende SCR verursacht z. B. die Polarlichter in der Nähe der magnetischen Pole. Zu diesen Zeiten vermeiden Flugzeuge aus Strahlenschutzgründen möglichst die Polrouten. Die GCR schließlich erzeugt zwar in der Atmosphäre eine Kaskade von Sekundärteilchen, die den Erdboden erreichen, aber wegen ihrer geringen Flussdichte von den Lebewesen „verkraftet" werden.

Die Temperaturen an der Mondoberfläche schwanken zwischen Tag und Nacht außerordentlich stark, was ebenfalls eine Folge der fehlenden Atmosphäre ist, aber auch der langen Tag- und Nachtdauer von je einem halben Monat. In den äquatornahen Regionen wurden tags maximal $+130\,°C$ und nachts minimal $-180\,°C$ an oberflächennahen Gesteinen gemessen. Die Apollo-Astronauten stellten aber fest, dass bereits unterhalb von einem halben Meter Tiefe im Regolith konstante Temperatur herrscht. Durch den NASA-Satelliten LRO wurde im Jahre 2009 erstmals die komplette Temperaturverteilung auf dem Mond erfasst: So sind die Polregionen, die nur streifend einfallendes Sonnenlicht erhalten, permanent etwa $-100\,°C$ kalt, und in polaren Kratern, die im ewigen Schatten liegen, wurde als Tiefstwert $-238\,°C$ gemessen, was nur 35° über dem absoluten Nullpunkt liegt.

3.2 Die Mondlandschaften

Selenodäsie Zur Mondvermessung wurde wie bei der Erde ein Koordinatensystem aus Breiten- und Längengraden eingeführt. Das von der IAU beschlossene moderne Schema sieht Folgendes vor: Die selenographische Breite wird vom Mondäquator aus nach Norden hin positiv und nach Süden negativ gezählt. Der Nordpol des Mondes liegt also bei 90° und der Südpol bei $-90°$. Die selenographische Länge nimmt vom Nullmeridian in der Mitte der Mondvorderseite in östlicher Richtung von 0° bis 360° zu, sodass der (mittlere) östliche sichtbare Rand bei 90° und der westliche Rand bei 270° liegen. Da aber ganz überwiegend die Mondvorderseite betrachtet wird, wird auch häufig die Zählweise in östlicher und in westlicher Richtung von jeweils 0° bis 180° verwendet, der wir uns hier anschließen. Auch die Zählweise der Breite in nördlicher und südlicher Richtung jeweils positiv von 0° bis 90° ist üblich. So hat der Krater Tycho die Koordinaten 43,4°S und 11,1°W. Der Koordinatenursprung liegt bei dem kleinen Krater Mösting A; das ist ungefähr an der Landestelle von Surveyor 6 (0,5°N, 1,4°W; Abb. 1.10).

Betrachten wir den Mond von der Erdnordhalbkugel aus nach Süden blickend, so liegt nach dem IAU-Schema Osten rechter Hand, Westen linker Hand und Norden oben. Das Mare Crisium liegt damit im Osten und der Ringwall Grimaldi im Westen des Mondes. Für Astronauten auf dem Mond geht nach dieser Definition die Sonne im Osten auf und im Westen unter, wie bei der Erde. Dieses System heißt deshalb auch astronautische Orientierung (im Gegensatz zu der früher auf den Mond angewandten astronomischen Orientierung). Meist sind moderne Mondkarten so orientiert, also genau wie die Erdkarten. Für Mondbeobachter jedoch, die ein umkehrendes Fernrohr benutzen, sind Mondkarten mit dem Südpol oben und Osten linker Hand praktischer.

Hochländer und Mondmeere Betrachten wir zunächst die Vorderseite des Mondes (Abb. 1.10 und 3.1). Schon mit bloßem Auge erkennt man zwei Hauptstrukturen. Dies sind zum einen die hell erscheinenden Hochländer oder *Terrae* (lat. *terra* = Land). Sie bestehen aus hügeligem Gelände und Gebirgen bis zu einigen Kilometern Höhe und sind vor allem mit unzähligen Kratern bedeckt. Den Gebirgen gab man Namen wie z. B. *Montes Jura*, *Montes Caucasus* oder *Montes Apenninus*.

Die andere Hauptstruktur beinhaltet die *Maria* (Plural von lat. *mare* = Meer), große, alte Einschlagbecken, die dunkel erscheinen, weil sie sich in der Frühzeit mit dunkler Lava gefüllt haben. Sie sind im Vergleich zu den Hochländern relativ eben und enthalten weniger Krater (Abb. 3.2). Dass es in Wirklichkeit keine Land-Meer-Verteilung auf dem Mond gibt, ist seit Langem bekannt. Im Volksmund werden diese dunklen Gebiete als „Mondgesicht" oder „springender Hase" usw. gedeutet. Die Maria nehmen 31 % der Mondvorderseite ein, jedoch nur 2,6 % der Rückseite. Insgesamt bedecken sie 16,9 % der Mondoberfläche. Die Maria reflektieren nur 7 bis 10 % des auftreffenden Sonnenlichts, die Hochländer hingegen 11 bis 18 %. Das Rückstrahlvermögen (*Albedo*) des Mondes ist somit recht gering.

Den Maria hat man lateinische Fantasienamen gegeben wie *Oceanus Procellarum* (Ozean der Stürme), *Mare Imbrium* (Regenmeer), *Mare Nubium* (Wolkenmeer), *Mare Humorum* (Meer der Feuchtigkeit), *Mare Serenitatis* (Meer der Heiterkeit), *Mare Nectaris* (Honigmeer), *Mare Foecunditatis* (Meer der Fruchtbarkeit), *Mare Vaporum* (Meer der Dämpfe), *Mare Crisium* (Meer der Gefahren), *Mare Frigoris* (Meer der Kälte) oder *Mare Tranquillitatis* (Meer der Ruhe),

Abb. 3.1 Vollmond von der Erde aus fotografiert. (© iStockphoto)

um die wichtigsten auf der erdzugewandten Mondseite zu nennen. Im letzt-genannten Mare landeten die ersten Menschen mit Apollo 11 auf dem Mond.

Krater Bei der Beobachtung im Fernrohr dominieren an kleineren Struk-turen vor allem die meist kreisförmigen Krater, die fast ausschließlich durch Einschläge von Meteoriten entstanden sind. Sie wurden größtenteils nach Astronomen oder anderen Naturwissenschaftlern benannt. Die Kraterdurch-messer reichen von mehr als 1000 km bei den großen Einschlagbecken bis zu weniger als 1 μm, ein Bereich von mehr als zwölf Größenordnungen. Man geht davon aus, dass die auftreffenden Meteoriten etwa ein Zwanzigstel so groß wie die Durchmesser der entstandenen Krater waren. Auf der Mond-vorderseite wurden 33.000 Krater registriert, die nach Größe und Form fol-gendermaßen klassifiziert werden (Voigt et al. 2012):

- Durchmesser < 1 km: Lochkrater, ohne Wall und ohne Zentralberg;
- 1–10 km: meist mit Wall; häufig auch mit Zentralberg, der dadurch ent-steht, dass beim Rückfedern des Bodens nach dem Einschlag Material hochgeschleudert wurde;

Abb. 3.2 Kontrast zwischen dem Hochland mit vielen Kratern und der relativ glatten Ebene des Mare Nectaris (Apollo 11). (© NASA)

- 10–100 km: meist ausgeprägte Umwallung (Ringgebirge) mit Terrassenbildung, meist flacher Boden, teilweise mit Zentralberg;
- >100 km: sog. Wallebenen; der Übergang von den großen Wallebenen zu den Maria ist fließend.

Einige Beispiele bekannter Krater seien nachfolgend genannt (North 2003; Wilkinson 2010):

- *Alphonsus* (3,7°S, 3,2°W), 118 km Durchmesser, mit Zentralberg; 4,0 Mrd. Jahre alt. Er liegt am östlichen Rand des Mare Nubium.
- *Aristarchus* (23,7°N, 47,4°W) am Rande des Aristarchus-Plateaus im Oceanus Procellarum, 40 km groß und 3,1 km tief (Abb. 3.4). Obwohl nicht allzu groß, ist er der hellste aller Krater, was durch sein geringes Alter von nur 300 Mio. Jahren bedingt ist. Er ist sogar mit bloßem Auge zu erkennen.
- *Aristoteles* (50,2°N, 17,4°O), 87 km groß, am östlichen Ufer des Mare Frigoris, mit stark terrassierten, 3 km hohen Wällen; ohne Zentralberg, mit einem gewellten Boden.

Abb. 3.3 Der Krater Tycho mit dem hohen Zentralberg in der Mitte, aufgenommen von der japanischen Mondsonde Kaguya (Selene). (© JAXA/Selene; NASA/JPL)

- *Copernicus* (9,7°N, 20,1°W), 107 km groß, im Oceanus Procellarum. Nicht völlig kreisförmig. Er ist relativ jung (900 Mio. Jahre alt), einer der hellsten und prominentesten Krater auf dem Mond und besitzt ein markantes Strahlensystem. Die Wälle sind stark terrassiert und der 60 km große Kraterboden liegt 2,9 km unter dem Niveau des umgebenden Mare. Drei Zentralbergspitzen, die ungefähr 1 km hoch sind.
- *Kepler* (8,1°N, 26,6°W), ein 31 km großer und 2,8 km tiefer Krater westlich von Krater Copernicus im Mare Procellarum, von dem ebenfalls ein auffälliges Strahlensystem ausgeht.
- *Plato* (51,6°N, 9,4°W), 101 km groß, am Nordende des Mare Imbrium, mit einem flachen, von Lava überfluteten Boden.
- *Tycho* (43,4°S, 11,1°W), 85 km groß, in den südlichen Hochländern; 4,8 km tief mit einem 2,3 km hohen Zentralberg (Abb. 3.3). Tycho ist mit nur 100 Mio. Jahren der jüngste aller großen Mondkrater. Er ist wahrscheinlich das auffälligste Strukturmerkmal auf dem Mond und wurde auch „Nabel des Mondes" genannt. Bei Vollmond erscheint er sehr hell, umgeben von einem dunklen Ring und einem hell leuchtenden Strahlensystem, dessen radiale Strahlen über 1000 km lang und mehrere Kilometer breit sind. Die Sonde Surveyor 7 landete etwas nördlich des Kraterrands.

Weitere Oberflächenstrukturen sind Rillen, Täler, Spalten und Verwerfungen, die tektonischen Ursprungs sind (Abb. 3.4).

Seit seiner Entstehung vor etwa 4,5 Mrd. Jahren bis vor rund 3,9 Mrd. Jahren schlugen auf dem Mond häufig Asteroiden und Meteoriten ein, die die Krater und großen Mariabecken erzeugten. Danach nahm die Häufigkeit von Meteoriteneinschlägen stark ab, denn mittlerweile waren die meisten der interplanetaren Gesteinsbrocken von größeren Gestirnen abgefangen worden. Das letzte große Einschlagsereignis (Mare Imbrium) war vor 3,8 Mrd.

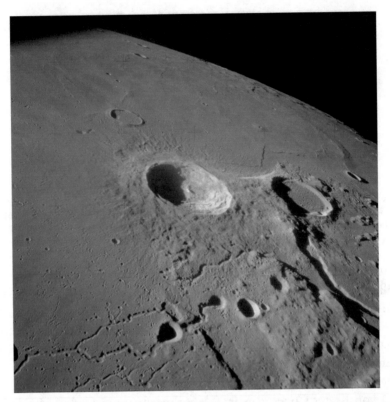

Abb. 3.4 Nordostecke des Oceanus Procellarum mit Krater Aristarchus und *rechts* davon der von Lava überflutete Krater Herodot. *Rechts unten* der Beginn von Schröters Tal, einer gebogenen Rille (Apollo 15). (© NASA)

Jahren. Die folgende Zeit bis etwa vor 3,2 Mrd. Jahren war durch heftigen Vulkanismus gekennzeichnet, der die Mariabecken auf der Mondvorderseite mit Lavaschichten füllte (Abb. 3.5). Beim Mare Tranquillitatis etwa geschah dies vor 3,6 Mrd. Jahren. In den Beckenzentren erreicht die Lava Schichtdicken bis über 1500 m (Heiken et al. 1991). Da die Lava-Auffüllung nach der Zeit der großen Meteoriteneinstürze erfolgte, zeigen die Maria weniger Krater als die Hochländer. Die Maria-Krater wurden entweder von der Lava komplett zugedeckt, oder sie sind als überflutete Krater noch sichtbar, z. B. Plato oder der in Abb. 3.6 gezeigte Le Monnier. Ein Einschlagkrater, der erst nach dieser Zeit entstand, ist z. B. der nur 900 Mio. Jahre alte Copernicus im Oceanus Procellarum. Heute gibt es auf dem Mond keinen Vulkanismus mehr.

Die Mondkraterstatistik, kombiniert mit radioisotopischer Altersbestimmung der Apollo-Mondproben, erlaubt die absolute Datierung von Oberflächen auch anderer Körper im Sonnensystem, d. h. die Altersbestimmung durch Kraterzählstatistik. Auf diese Weise wurden *frühe Einschlagsereignisse* der Planetenoberflächen kurz nach Entstehung des Sonnensystems entdeckt.

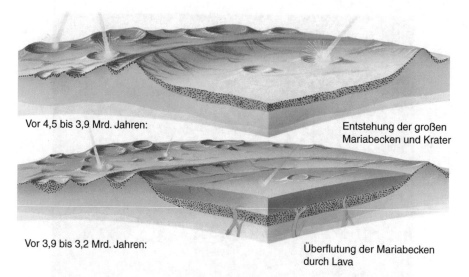

Vor 4,5 bis 3,9 Mrd. Jahren:

Entstehung der großen
Mariabecken und Krater

Vor 3,9 bis 3,2 Mrd. Jahren:

Überflutung der Mariabecken
durch Lava

Abb. 3.5 Entstehung der Mondlandschaften. (Aus: Joachim Herrmann: dtv-Atlas Astronomie. Grafiken von Harald und Ruth Bukor. © 1973 Deutscher Taschenbuch Verlag, München)

Selbstverständlich ist auch die Erde in der Zeit bis vor 3,9 Mrd. Jahren ebenso häufig von Meteoriten getroffen worden. Diese Krater sind aber nicht mehr nachzuweisen, da sie durch Erosion abgetragen oder durch Sedimente vollständig überdeckt wurden. Die noch erkennbaren Krater stammen von seltenen Einschlagsereignissen aus viel jüngerer Zeit. Dazu zählt der 200 km große Chicxulub-Krater in Yucatán (Mexiko), der am Übergang von der Kreidezeit zum Tertiär vor 65 Mio. Jahren vermutlich die Dinosaurier und viele andere Spezies ausgelöscht hat. Auch das bekannte Nördlinger Ries in Bayern, ein 24 km großer und „nur" 14,7 Mio. Jahre alter Einschlagkrater, ist erst bei genauerem Hinsehen zu erkennen.

Helle Strahlensysteme Von etlichen jüngeren Kratern verlaufen helle Strahlen radial nach außen über Maria und Terrae hinweg. Besonders schön ist dies beim Tycho-Krater in den südlichen Hochländern zu sehen, und auch bei den Kratern Copernicus und Kepler sind diese Strahlen leicht mit dem Fernglas zu erkennen (Abb. 3.1). Hierbei handelt es sich um Staub, der beim Meteoriteneinschlag nach außen geschleudert wurde und sich über dem dort vorhandenen, alten Staub abgelagert hat. Der alte Staub war durch die kosmische Strahlung etwas aufgeraut worden und erscheint dadurch dunkler als der neuere Staub. Bei Überkreuzungen der Strahlensysteme zweier Krater kann man sogar aus der unterschiedlichen Helligkeit schließen, welcher der ältere

Abb. 3.6 Übergang vom Hochland zum östlichen Teil des Mare Serenitatis, wo Apollo 17 landete. Lava ist aus dem Becken in den 70 km großen Krater Le Monnier geflossen (oben im Bild). (© NASA)

der beiden ist. Obwohl man diese Strahlen von der Erde aus leicht erkennen kann, lassen sie sich vor Ort nicht als Bodenformation ausmachen.

Regolith bedeutet auf der Erde eine Decke aus Lockermaterial, die sich durch Verwitterung über dem darunterliegenden, unverwitterten Ausgangsmaterial gebildet hat. Auf dem Mond ist die gesamte Oberfläche von Regolith bedeckt. Er ist aus einer 10–25 m dicken Schicht aus Gesteinstrümmern zusammengesetzt, deren oberste Zentimeter aus hellgrauem bis bräunlich-grauem *Mondstaub* bestehen. Durch Hitze und Überdruck bei größeren Einschlagsereignissen werden fragmentierte Steine und Mondstaub zu *Brekzien* zusammengeschweißt. Ferner wird die Oberfläche mangels schützender Atmosphäre ständig von ungebremsten Mikrometeoriten oder kosmischen Staubpartikeln getroffen, die das Mondgestein pulverisieren. (Im Falle der Erde werden diese Partikel in der Atmosphäre abgebremst oder sie verglühen). Ein weiterer Bestandteil sind glasige (nicht kristalline) Erstarrungsprodukte von Einschlägen, die zu Aufschmelzungen geführt haben. Das sind

Abb. 3.7   Raues Terrain auf der Mondrückseite (Apollo 11). (© NASA)

zum einen kleine *Glaskugeln* an Mikrokratern, zum anderen durch Glas ver-
backene Regolithkörner. Der Einschlag all dieser Partikel zusammen mit den
Strahlendefekten durch den bereits beschriebenen Sonnenwind und die kosmische Strahlung bewirkt eine physikalische „Verwitterung", die man auch
Weltraum-Erosion nennt.

Die Rückseite des Mondes, die vorher noch niemand zu Gesicht bekommen hatte, wurde erstmals im Jahre 1959 durch die sowjetische Sonde *Luna
3* fotografiert. Fotos mit wesentlich besserer Auflösung sandten danach die
amerikanischen *Lunar-Orbiter*-Sonden zur Erde. Allerdings ist bis heute auf
der Mondrückseite noch keine Raumsonde weich gelandet. Die Rückseite ist ein bergiges und stark zerklüftetes Hochland (Abb. 3.7 und 3.8). Im
Gegensatz zur Vorderseite weist sie nur ganz wenige dunkle Maria, aber viel
mehr Meteoritenkrater auf (Abb. 1.10 und 1.11). Die beiden größten Krater sind nach dem russischen Raketenkonstrukteur *Sergej Koroljow* und dem
dänischen Astronomen *Ejnar Hertzsprung* benannt. Das überhaupt größte
Einschlagbecken auf dem Mond ist das 2240 km große und mindestens

Abb. 3.8   Der Krater Dädalus auf der Mondrückseite (Apollo 11). (© NASA)

3,9 Mrd. Jahre alte *Südpol-Aitken-Becken*. Es liegt zum größten Teil auf der
Mondrückseite, ist aber fast nicht mit Lava gefüllt, weshalb es auch Becken
und nicht Mare heißt.

Man nimmt an, dass die Mondkruste auf der Mondrückseite 100 bis
150 km dick und damit 40 bis 50 km dicker ist als auf der erdzugewandten Seite. Deshalb konnte dort weniger Lava aus Vulkanspalten an die Oberfläche dringen und Maria erzeugen. In den Einschlagbecken der Vorderseite
hingegen wurden vorher existierende Krater durch die Lava eingeebnet. Auf
der Rückseite, wo Maria weitgehend fehlen, sind unter anderem deshalb viel
mehr Krater zu erkennen. Die Asymmetrie zwischen Vorder- und Rückseite
ist nicht durch die Gezeitenkraft der Erde zu erklären und war den Wissenschaftlern bisher ein Rätsel.

Kürzlich haben Jutzi und Asphaug erstmals eine Arbeit mit Simulationen
vorgelegt, in der diese Asymmetrie erklärt wird (Jutzi und Asphaug 2011).
Sie postulieren, dass bei der Mondentstehung gemäß der Kollisionstheorie
nicht nur ein Mond entstanden ist, sondern ein zweiter mit etwa 30 % der
Mondmasse. Dieser zweite Mond ist zunächst in einem gravitationsmäßig
stabilen Punkt des Erde-Mond-Systems „geparkt" worden. Von dort ist er

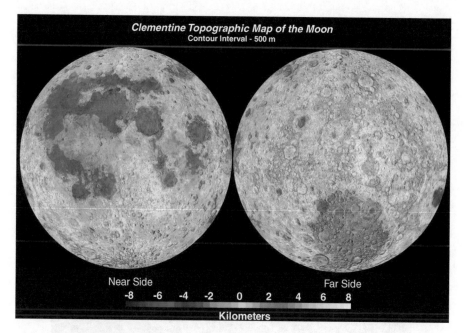

Abb. 3.9 Höhenprofil der Vorder- und Rückseite des Mondes. (© Image processing by Brian Fessler and Paul Spudis, LPI)

einige 10 Mio. Jahre später durch die Gezeitenkräfte von Erde und Sonne befreit worden und mit dem Mond kollidiert, der zu der Zeit schon eine feste Kruste besaß. Da beide im selben Erdorbit flogen, ist der Aufprall relativ sanft gewesen, und das Material des kleineren Partners hat sich wie ein Pfannkuchen auf der Mondrückseite verteilt. So ist angeblich die dickere Kruste dort zustande gekommen.

Das Oberflächenprofil des Mondes wurde 1995 von der US-amerikanischen Sonde *Clementine* mittels Laserstrahlung abgetastet (Abb. 3.9). Am höchsten liegt demnach das Bergland auf der Rückseite, gefolgt von den Terrae und danach den Maria auf der Vorderseite, während das Südpol-Aitken-Becken auf der Rückseite am tiefsten liegt. Der Mond hat insgesamt die Form eines dreiachsigen Ellipsoids mit Höhendifferenzen von weniger als ± 10 km. Seine Abplattung, d. h. die relative Differenz von Äquator- und Polradius, ist wegen seiner langsamen Rotation viel geringer (0,0005) als bei der Erde (0,0034). Der Durchmesser in Richtung Erde ist aufgrund der von der Erde ausgeübten Gezeitenkraft am größten. Auf dieser Achse ist eigenartigerweise der erdferne Mondradius etwas größer als der erdnahe, sodass der Mondschwerpunkt um 2 km näher zur Erde liegt als sein geometrischer Mittelpunkt.

Ebenfalls von der Sonde Clementine stammen die Fotos der Südpolregion, die in Abb. 3.10 zu einem Mosaik zusammengefügt worden sind.

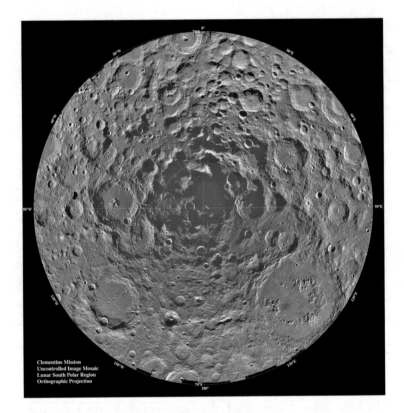

Abb. 3.10   Die Kraterlandschaft der Südpolregion. Das Südpol-Aitken-Becken ist hier nicht zu erkennen, da es nicht mit dunkler Lava gefüllt ist. (© NASA/JPL/USGS)

3.3 Geologie des Mondes

Die Fachgebiete, die sich mit dem materiellen Aufbau des Mondes befassen, werden *Geophysik*, *Geochemie* und *Geologie* des Mondes genannt, obwohl die Vorsilbe Geo- (von griech. *geos* = Erde) eigentlich durch Seleno- (von griech. *Selene* = Mond) ersetzt werden müsste. Lediglich bei der *Selenodäsie*, der Vermessung des Mondes und seines Schwerefeldes, sowie bei der *Selenographie*, der Kartierung des Mondes, wird die sprachlich angemessene Bezeichnung angewendet.

Der chemische und geologische Aufbau des Mondes (Heiken et al. 1991; Jaumann und Köhler 2009) ist in vielem der Erde sehr ähnlich, in anderer Hinsicht aber gar nicht. Um seinen geologischen Aufbau darzustellen, wollen wir zunächst nach den dort vorhandenen chemischen Elementen fragen, danach die daraus gebildeten Minerale betrachten und uns in einem dritten Schritt mit den aus den Mineralen zusammengesetzten Gesteinen befassen. Dabei wollen wir stets einen Vergleich mit der Erde ziehen.

Die chemischen Elemente Grundsätzlich gibt es auf dem Mond – wie auf der Erde – alle Elemente des periodischen Systems von Wasserstoff (Ordnungszahl $Z = 1$) bis Uran ($Z = 92$), denn beide Gestirne entstammen dem solaren Gas- und Staubnebel in Erdentfernung von der Sonne. Neuere Messungen an Mondproben haben gezeigt, dass die isotopische Zusammensetzung[3] im lunaren und im irdischen Sauerstoff innerhalb von 5 ppm (*parts per million*) identisch ist (Wiechert et al. 2001). Dies steht im Gegensatz zu anderen Asteroiden und Planeten des Sonnensystems, wie man aus der Analyse von Meteoriten weiß. Dieser sensationelle Befund bedeutet, dass der Mond und der äußere Bereich der Erde zu 98 % aus dem gleichen Material bestehen (Canup 2012). Dies hat eine erhebliche Bedeutung für unser Verständnis der Mondentstehung. Auch bei Silizium, Titan, Chrom und Wolfram wurden identische Isotopenverhältnisse auf Mond und Erde gefunden.

Nach diesem Befund könnte man erwarten, dass Mond und Erde die gleiche Häufigkeitsverteilung der chemischen Elemente haben. Der Mond ist aber, ebenso wie die Erde, keineswegs ein homogener Körper. Vielmehr hat sich das Material in der Frühzeit der Mondentwicklung differenziert, und wir finden auf der Oberfläche und in die Tiefe hinein sehr unterschiedliche geochemische Zusammensetzungen. Auch hat die geologische Entwicklung, die beim Mond abgeschlossen ist, bei der Erde hingegen noch andauert, bei den beiden Körpern nicht den gleichen Verlauf genommen. Ferner haben die Meteoriteneinschläge fremdes Material auf Mond und Erde gebracht, was die ursprüngliche Zusammensetzung modifiziert hat.

Die chemischen Elemente, die am häufigsten in den Mondproben gefunden wurden, sind Sauerstoff (O), Silizium (Si), Aluminium (Al), Kalzium (Ca), Eisen (Fe), Magnesium (Mg), Titan (Ti) und Natrium (Na). Ihre relative Häufigkeit in Gewichtsprozenten beträgt für Proben aus den Hochländern, den Maria sowie zum Vergleich aus der Erdkruste: O (45/45/46), Si (21/21/28), Al (13/5/8,2), Ca (10/8/4,1), Fe (6/15/5,6), Mg (5,5/5,5/2,3), Ti (1/1 bis 5/0,6) und Na (1/1/2,4). Die häufigsten Elemente auf dem Mond sind somit dieselben wie auf der Erde.

Auf dem Mond kam es wegen seiner geringen Masse zu einem ganz entscheidenden Unterschied in der Elementhäufigkeit: Die leichten Elemente Wasserstoff (H), Kohlenstoff (C) und Stickstoff (N) konnte der Erdtrabant mit seiner geringen Schwerkraft nicht halten. Lange Zeit konnten auch in kei-

---

[3] Verschiedene Isotope ein und desselben chemischen Elements haben die gleiche Zahl von Protonen, aber eine unterschiedliche Zahl von Neutronen im Atomkern. Die Zahl der positiv geladenen Protonen im Kern ist gleich der Ordnungszahl des Elements im periodischen System der chemischen Elemente. Die Massenzahl eines Kerns ist die Summe aus seiner Protonen- und Neutronenzahl. Beispiel: Die stabilen Sauerstoffisotope O-16, O-17 und O-18 bestehen aus jeweils acht Protonen und acht, neun bzw. zehn Neutronen.

ner der zur Erde gebrachten Staub- oder Gesteinsproben Wasser oder C und N nachgewiesen werden. Die leichten Gase dieser Elemente, etwa Wasserstoff (H_2), Wasserdampf (H_2O), Kohlendioxid (CO_2), Kohlenmonoxid (CO), Stickstoff (N_2), Methan (CH_4) und Ammoniak (NH_3), waren vermutlich im ursprünglichen Mondmaterial enthalten. Als der Mond entstand, erhitzte die sich zusammenballende Materie aber so stark, dass die Gesteinstrümmer mehr oder weniger vollständig aufschmolzen. Die Gase waren dabei im flüssigen Magma gelöst und sind im Laufe der Zeit als flüchtige Verbindungen in den Weltraum entwichen.

Auch der Sauerstoff (O) entwich zum Teil in Form der oben genannten Gase, verblieb aber auch in festen Verbindungen in Form von Silikaten und Metalloxiden. Wegen der fehlenden Atmosphäre zeigen die Mondgesteine die Besonderheit, dass alle Elemente in reduziertem Zustand vorliegen; sie haben also einen geringeren Oxidationsgrad als auf der Erde. Bei der Oxidation gibt ein Atom oder Ion Elektronen ab, und seine Gesamtladung wird dadurch positiver. Das Sauerstoffatom nimmt diese Elektronen auf und wird dadurch reduziert. So liegt Eisen höchstens in zweiwertiger Form (Fe^{2+}) vor und nicht, wie auf der Erde, in dreiwertiger Form (Fe^{3+}). Man findet sogar metallisches Eisen (Fe^0) in Mondgesteinen, auf der Erde dagegen so gut wie gar nicht.

Bei erneuten Untersuchungen vulkanischer Apollo-Proben im Jahre 2011 wurden Spuren von Wasser detektiert (Hauri et al. 2011; Wikipedia: Mond). Dies widerspricht aber nicht der Feststellung, dass dem Mond insgesamt die leicht flüchtigen Elemente fehlen.

Minerale und Gesteine Mit dem Wissen, dass die Elemente H, C und N fehlen, können wir uns selbst klarmachen, welche Minerale und Gesteine es auf dem Mond *nicht* gibt: Mangels Kohlenstoff fehlen sämtliche organischen Verbindungen, und diese machen auf der Erde den Hauptanteil aller chemischen Verbindungen überhaupt aus!

Ohne Kohlenstoff gibt es keine Lebewesen! Also kann der Mond schon deshalb – nicht nur aus Gründen der fehlenden Atmosphäre und des fehlenden Wassers – kein Leben beherbergen.

Betrachten wir zum Vergleich die Erde: Wie gelangte der Kohlenstoff in die Gesteine? In der Frühzeit bestand die Erdatmosphäre aus den oben genannten leichten Gasen, die dank der hohen Gravitationskraft nicht in den Weltraum entweichen konnten. Der irdische Kohlenstoff befand sich also in den C-haltigen Gasen. Vor rund 3,5 Mrd. Jahren entstanden die ersten ursprünglich einzelligen Lebewesen, die Photosynthese betrieben und damit den Kohlenstoff in den organischen Kreislauf aufnahmen. Vor 550 Mio. Jahren erschienen viele verschiedene kalkbildende Organismen wie Muscheln, Schnecken,

Korallen und Kalkalgen in meist tropisch-warmen Meeren. Fast der gesamte Kalkstein – man denke nur an die mächtigen Kalkgebirge der Erdzeitalter Trias, Jura und Kreide – ist durch Sedimentation aus den Schalentrümmern solcher kalkbildenden Organismen entstanden. Die geologisch häufigste Kohlenstoffverbindung ist somit das Kalziumkarbonat ($CaCO_3$), welches vor allem im Mineral Kalzit (Kalkspat) vorkommt. Aus mehr oder weniger feinen Kalzitkristallen sind unter anderem Kalkstein und Marmor aufgebaut. In geringerem Maße tragen auch die fossilen Energieträger Kohle, Erdöl und Erdgas zum Kohlenstoffgehalt der Erde bei. All dies fehlt auf dem Mond!

Die reduzierenden Bedingungen und das Fehlen von chemischen Reaktionen, bei denen Sauerstoff, Wasser oder Lebewesen eine Rolle spielen, schränken die Zahl der gesteinsbildenden Minerale auf dem Mond erheblich ein. Es gibt dort auch keine wetterbedingte Erosion, keine Flusstäler mit rund gewaschenen Kieselsteinen, kein Grundwasser, keine eiszeitlichen Geschiebelandschaften mit Findlingen. Auch fehlen Sedimentgesteine wie Sandstein, Ton, Mergel oder Tonschiefer, die die Existenz von Meeren voraussetzen, in denen sie sich abgelagert haben könnten.

Aus diesem Grund hat man von den etwa 4600 bekannten terrestrischen Mineralen auf dem Mond nur weniger als 100 gefunden (Jaumann und Köhler 2009).

Bereits die Bodenproben der ersten bemannten Mondlandung, Apollo 11, lieferten eine Fülle von geologischen Erkenntnissen (Heiken et al. 1991). Die Landestelle lag in der dunklen Lavaebene des Mare Tranquillitatis, aber so nahe an dessen Rand, dass durch Einschläge herausgeschleudertes Material des angrenzenden Hochlandes ebenfalls zu finden war. Das wichtigste Ergebnis, das auch von den folgenden Apollo- und Luna-Missionen bestätigt wurde, war der deutliche geologische Unterschied zwischen den Hochland- und den Mare-Gesteinen. Stark vereinfacht betrachtet sind die Hochländer mit Ca und Al angereichert, während die Maria reicher an Fe und Ti sind. Mineralogisch bestehen die Hochländer vorwiegend aus Feldspat, während die Maria häufiger Pyroxene enthalten. Und geologisch bestehen die Hochländer überwiegend aus von Einschlägen umgewandelten plutonischen Gesteinen (Tiefengesteinen), die Maria hingegen aus basaltischen Lavagesteinen.

Machen wir uns ein klein wenig mit den Feldspäten vertraut: Sie sind eine große Gruppe sehr häufig vorkommender Silikat-Minerale mit der Zusammensetzung $(Ba,Ca,Na,K)(Al,B,Si)_4O_8$. Die in Klammern angegebenen Elemente können sich gegenseitig auf dem entsprechenden Gitterplatz ersetzen, stehen jedoch immer im selben Mengenverhältnis zu den anderen Bestandteilen des Minerals. Man spricht von einem Substitutions-Mischkristall. Man kann sich die Feldspäte als eine Mischkristallgruppe vorstellen, die im

Wesentlichen aus Komponenten der drei Minerale Orthoklas (Kalifeldspat, $KAlSi_3O_8$), Anorthit (Kalkfeldspat, $CaAl_2Si_2O_8$) und Albit (Natronfeldspat, $NaAlSi_3O_8$) aufgebaut wird. Eine Untergruppe der Feldspäte sind die Plagioklase $[(Ca,Na)(Al,Si)_4O_8]$, die wiederum eine Mischkristallreihe zwischen den beiden Mineralen Albit und Anorthit bilden.

Unter der Fülle von Hochlandgesteinen sind drei Haupttypen identifiziert worden:

- Eisenhaltige Anorthosite: Dies sind hell erscheinende Tiefengesteine, die sich durch einen sehr hohen Gehalt an Plagioklasen auszeichnen. Der bestimmende Plagioklas-Anteil wiederum ist Anorthit, weshalb die Anorthosite reich an Ca und Al sind. Eisenreiche Anorthosite gehören mit zu den ältesten Hochlandgesteinen. Sie finden sich auch häufig in den auf der Erde gefundenen lunaren Meteoriten, also Gesteinsbrocken, die bei Einschlägen auf dem Mond herausgeschleudert wurden und zufällig die Erde trafen.
- Magnesiumreiche Gesteine enthalten fast so viel Plagioklas wie die eisenreichen Anorthosite, aber sie enthalten auch Mg-reiche Körner von Mineralen wie dem körnigen, grün gefärbten Olivin $[(Mg,Fe)_2SiO_4]$ und dem bleichgrünen bis bräunlich-grünen Pyroxen $[(Ca,Mg,Fe)SiO_3]$.
- Die dritte Gruppe charakteristischer Hochlandgesteine sind KREEP-Gesteine, die eine Komponente enthalten, welche mit Elementen wie Kalium (K), den Lanthaniden (Seltenen Erdelementen, engl. *rare earth elements* = REE) und Phosphor (P) angereichert ist. Die KREEP-Komponente wird meist von relativ hohen Konzentrationen der radioaktiven Elemente Uran (U) und Thorium (Th) begleitet.

Die Maria bestehen dagegen aus eisen- und titanreichen Basalten. Dies sind Ergussgesteine, die durch Vulkanismus aus der Mantelschicht des Mondes an die Oberfläche gelangt und dort erstarrt sind. Auch hier gibt es verschiedene Zusammensetzungen der Haupttypen – Plagioklas, Olivin, Pyroxen, Ilmenit ($FeTiO_3$) und andere. Die Mondbasalte haben eine Besonderheit: Erhitzt man sie bis zum Schmelzpunkt, so sind sie deutlich dünnflüssiger als die irdischen Basalte.

Der gegenüber den Terrae höhere Titangehalt der Maria verursacht ihre dunkle Gesteinsfarbe.

Zum Vergleich: Alle o. g. Verbindungen mit Ausnahme von KREEP gehören auch zu den besonders häufig vorkommenden Mineralen in den irdischen Tiefengesteinen und Ergussgesteinen.

Wasser Das Fehlen einer Atmosphäre auf dem Erdmond bedeutet auch das Fehlen von Wasser, da dieses verdunsten und eine Wasserdampfhülle bilden müsste, die ebenfalls schnell in den Weltraum entweichen würde. Der Mond als Ganzes ist demnach extrem trocken.

Im Hinblick auf eine mögliche wirtschaftliche Nutzung des Mondes wäre aber Wasser von großer Wichtigkeit, weshalb in den letzten Jahren eine fieberhafte Suche nach Wassereis in den extrem kalten Polregionen eingesetzt hat. Erste Hinweise darauf fand 1999 die Sonde *Lunar Prospector*, die einen gesteuerten Crash nahe dem Südpol durchführte. Dieses Wasser könnte aus Kometenabstürzen stammen. Die japanische Sonde *Kaguya*, die 2008 das Innere eines Kraters in Südpolnähe untersuchte, konnte kein Wassereis auf der Oberfläche des Kraterbodens nachweisen, wohl aber die Möglichkeit auf Eis, das mit Bodenmaterial vermischt ist. Die NASA-Sonde *LCROSS* beobachtete im Jahre 2009 den gezielten Einschlag der oberen Stufe ihrer *Centaur*-Trägerrakete in die permanent vom Sonnenlicht abgeschattete Region des Cabeus-Kraters nahe dem Mond-Südpol. In der herausgeschleuderten Materiewolke wurde erfolgreich Wasser nachgewiesen. Im Jahre 2010 meldeten indische Wissenschaftler sogar, dass ihre Sonde *Chandrayaan-1* Wassereis in 40 Kratern in der lunaren Nordpolgegend mittels Radar detektiert habe. Das Eis sei mehrere Meter dick, und die Gesamtmenge betrage 600 Mio. Kubikmeter.

Wie kommt es aber, dass die Erde so viel Wasser enthält? Hier wurde Wasser in der Frühphase dadurch frei, dass in Kristallen gebundenes Wasser im Zuge der Erkaltung aus den Gesteinen austrat. Im Gegensatz zum Mond entwich es nicht in den Weltraum, sondern bildete eine gewaltige Wolkenschicht. Als die Erde schließlich kühler wurde, fingen die Wolken an abzuregnen, und es entstanden die Urmeere.

Mondbeben Von den Seismometern wurden Mondbeben registriert, die aber sehr schwach im Vergleich zu irdischen Beben sind. Da der Mond uns immer dieselbe Seite zuwendet, übt die *Gezeitenkraft* der Erde stets eine Zugspannung auf den zentralen Bereich der erdzugewandten und der -abgewandten Mondseite sowie eine Druckspannung auf die von uns als Mondperipherie gesehene Region aus. Die so entstehenden geringen elastischen Verformungen variieren periodisch mit dem Abstand des Mondes auf seiner Umlaufbahn. Tatsächlich sind die Mondbeben am häufigsten, wenn der Mond den größten oder den geringsten Abstand zur Erde hat, also etwa alle 14 Tage. Die meisten davon entstehen in einer Tiefe von 800 bis 1000 km. Aber auch aus der oberflächennahen Zone des Mondes sind „Bewegungen" bekannt. Dort mögen die Gezeitenkräfte zum Öffnen von Spalten und damit zu Entgasungsprozessen führen, die seismographisch als Beben registriert werden.

Der innere Aufbau Das Mondinnere wurde bis zum Jahr 1977 mithilfe der von den Apollo-Missionen aufgestellten Seismometern studiert. Hierbei

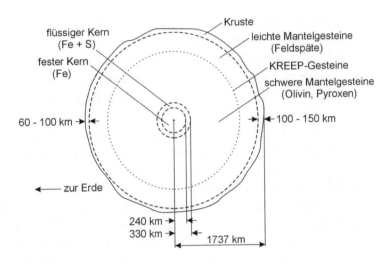

Abb. 3.11   Innerer Aufbau des Mondes

wurden natürliche und künstliche Mondbeben analysiert (Abschn. 1.7). Der innere Aufbau gliedert sich, wie bei der Erde, in eine *Kruste*, einen *Mantel* und wahrscheinlich einen *Kern* (Abb. 3.11). Die Mondkruste hat auf der erdzugewandten Seite eine Dicke von 60 bis 100 km, auf der abgewandten Seite ist sie 100 bis 150 km stark. Die Kruste ist mit Ergussgesteinen durchsetzt, die aus dem oberen Mantel stammen. Unter der Kruste liegt der feste, aus Basalten bestehende Mantel, der sich bis in eine Tiefe von etwa 1400 km erstreckt. Die Bestandteile des Mantels haben sich im noch flüssigen Zustand nach Schmelzpunkt und Dichte differenziert. Im äußeren Bereich befinden sich Feldspäte, in tieferen Schichten die schwereren Olivine und Pyroxene. Dazwischen hat sich eine dünne Schicht aus dem oben erwähnten KREEP-Gestein gebildet. In dieser Schicht lagerten sich die Elemente ab, die bei der Auskristallisation der beiden anderen Magmaschichten nicht auf Kristallgitterplätzen eingebaut werden konnten. KREEP-Gestein, das bei großen Meteoriteneinschlägen mit an die Oberfläche befördert wurde, gilt als ein Beweis für die starke chemische Separation innerhalb des Mondes. Die große mineralogische Bandbreite der vulkanischen Ablagerungen wird auch aus Abb. 3.12 deutlich.

Massekonzentrationen   Bereits mit dem ersten Mondsatelliten Luna 10 wurde 1966 entdeckt, dass der Mond keine kugelsymmetrische Dichteverteilung hat. Mit der Sonde Lunar Orbiter 5, die nur 100 km hoch über der Oberfläche flog, wurden im darauffolgenden Jahr Massekonzentrationen, sog. *Mascons*, genauer untersucht. Sie finden sich vor allem, aber nicht ausschließlich, im Bereich der Maria. Die Existenz der Mascons beweist ein weiteres Mal, wie differenziert der Mond aufgebaut ist.

Abb. 3.12 Die amerikanische Sonde Galileo nahm 1992 auf ihrer Reise zum Jupiter die Mondoberfläche mit mehreren Farbfiltern auf. Vulkanisches Material wird in Blau-bis Orangetönen dargestellt. So erscheint das Mare Tranquillitatis aufgrund seines hohen Titangehalts in einem tiefen Blau, anders als das Grün des Oceanus Procellarum und des Mare Imbrium und das Orange des Mare Serenitatis. Die Hochländer erscheinen in Rötlich bis Pink. (© NASA/JPL)

Der Mondkern Der innerste Bereich besteht, wie man annimmt, aus einem festen Eisenkern. Welche Argumente sprechen für die Existenz eines solchen Kerns?

1. Zunächst einmal geht man davon aus, dass alle erdartigen Planeten einen metallischen Kern haben. Eisen, eines der häufigsten Elemente in Gesteinsplaneten, sinkt bei der Differenzierung der Elemente im flüssigen Zustand wegen seiner Schwere ins Innere. Eisenmeteorite, die man auf der Erde gefunden hat, deutet man als Reste von Kernen solcher Asteroiden, die beim Zusammenprall mit anderen Objekten zertrümmert wurden.
2. Wegen der mittleren Dichte des Mondes, die fast die geringste aller Gesteinsplaneten ist (Abb. 2.4), kann der Radius des Kerns aber höchstens 20 % des Mondradius betragen (entsprechend 1 % des Mondvolumens). Zum Vergleich: Bei der Erde beträgt der Radius des Kerns 54 % des Gesamtradius (entsprechend 16 % des Erdvolumens).

3. Auch das *Trägheitsmoment* des Mondes zeigt, dass sein Kern sehr klein sein muss. Bei dieser Größe werden die Massepunkte mit dem Quadrat ihres Abstands von der Drehachse des Körpers gewichtet. Das Trägheitsmoment einer homogenen Kugel beträgt $(2/5)mR^2$, wobei m ihre Masse und R ihr Radius ist. Für den Mond gilt $0{,}395\ m_M R_M^{\ 2}$ und für die Erde $0{,}3315\ m_E R_E^{\ 2}$. Das Trägheitsmoment des Mondes deutet somit auf eine fast homogene Kugel hin, dasjenige der Erde jedoch auf eine höhere Dichte im zentralen Bereich.

4. Die seismischen Experimente am Mond zur Zeit der Apollo-Missionen waren bezüglich des Kerns nicht schlüssig. Die erneute Auswertung der etwa 13.000 aufgezeichneten Mondbeben der Seismometer mit einer neuartigen Methode lässt darauf schließen, dass der Mond einen festen Eisenkern von 240 km Radius und darüber einen 90 km dicken flüssigen Kernbereich aus Eisen und Schwefel hat (Weber et al. 2011). Die Ergebnisse deuten ferner darauf hin, dass sich über dem flüssigen Kernbereich eine 150 km dicke magmaartige Grenzschicht befindet. Das Mantelgestein in dieser Tiefe ist also teilweise geschmolzen. Die Existenz des flüssigen Kernbereichs steht aber nicht unbedingt im Widerspruch zu der Tatsache, dass der Mond kein Magnetfeld besitzt: Die Temperatur im Mondkern (900 °C) ist nämlich im Vergleich zum Erdkern (5000 °C) sehr niedrig. Aus diesem Grunde findet offenbar in der Metallschmelze nur eine äußerst geringe Konvektion statt, die zur Bildung eines Magnetfeldes nicht ausreicht (siehe auch Abschn. 3.1).

Obwohl die Mondkruste – insbesondere die Maria – reich an eisenhaltigen Mineralen ist, ist der Mond insgesamt wegen seines kleinen Kerns im Vergleich zur Erde arm an Eisen.

Wie heiß ist es im Mondinneren? Von Apollo 15 und 17 wurden Thermoelemente zur Wärmeflussmessung in Löcher von entnommenen Bohrkernen im Regolith versenkt. Das Ergebnis ist ein Wärmefluss von ~ 29 mW/m² (auf der Erde: 63 mW/m²). Daraus wurde geschlossen, dass es im Mondkern etwa 900 °C heiß ist. Der Mond wäre wegen seiner Kleinheit längst abgekühlt, würde er nicht durch den Zerfall radioaktiver Elemente im Inneren ständig erwärmt, ein Prozess, der auch im Erdinneren wirksam ist.

Ein toter Himmelskörper Unser Trabant ist und war immer ein unbelebter Himmelskörper. Es gibt dort weder Wind und Wetter noch heutzutage Vulkanismus oder Tektonik der Mondkruste. Die einzigen Veränderungen bringen die ungehindert auftreffenden Meteorite, der Sonnenwind und die kosmische Strahlung, die eine sehr langsame Umschichtung des Mondbodens bewirken. Wahrscheinlich dauert es einige 100 Mio. Jahre, bis eine Schicht von 1 m Dicke an der Oberfläche umgeschichtet ist. Im Englischen wird dieser Vorgang im Regolith auch als *gardening* („umgraben") bezeichnet. – Die Fußstapfen der Astronauten im Mondstaub werden deshalb noch erkennbar sein, wenn die Menschheit längst ausgestorben ist.

Wie alt ist der Mond? Dazu fragen wir am besten zunächst, wie alt unser Planetensystem ist. Dessen Entstehungsbeginn definiert man mit dem Alter der ältesten festen Materie, die in sog. primitiven Meteoriten nachgewiesen wurde. Die dort enthaltenen Kalzium-Aluminium-reichen Einschlüsse (abgekürzt „CAI" von engl. *Ca-Al-rich Inclusions*) kondensierten schon bei verhältnismäßig hohen Temperaturen aus dem sich abkühlenden *protoplanetaren Nebel*. Mittels *Uran-Blei-Datierung* konnte ihr Alter sehr präzise zu 4,567 Mrd. Jahren ermittelt werden (eine leicht zu merkende Zahl). Der Messfehler beträgt weniger als eine Million Jahre!

„Die Erde ist gleichzeitig mit dem Planetensystem entstanden. Der Mond jedoch ist nach heutigem Kenntnisstand 50 bis 100 Mio. Jahre jünger als das Planetensystem und die Erde", erklärt Prof. Thorsten Kleine, Experte für Mondchronologie an der Universität Münster.

Auf den ersten Blick etwas paradox mag anmuten, dass sich das Alter der Oberflächen von Erde und Mond gerade umgekehrt darstellt: Die ältesten irdischen Gesteine, die man fand, sind mindestens 500 Millionen Jahre jünger als die Erde selbst. Fast 80 % der gesamten festen Oberfläche der aktiven, dynamischen Erde ist jünger als 200 Mio. Jahre. Im Gegensatz dazu formten sich über 99 % der lunaren Oberfläche vor mehr als 3 Mrd. Jahren und 70 % davon vor mehr als 4 Mrd. Jahren (Heiken et al. 1991). Die Radionuklid-Altersbestimmung lieferte für Hochlandproben einschließlich der KREEP-Gesteine ein *Durchschnittsalter* von 4,4 Mrd. Jahren und für die lunaren Basalte von 3,5 Mrd. Jahren. Die ältesten Mondproben sind 4,5 Mrd. Jahre alt.

Dass der Mond etwas verspätet gegenüber der Erde entstanden ist, ist ein ernsthaftes Problem für die Planetenforscher und wird uns im nächsten Abschnitt beschäftigen.

3.4 Entstehung des Erdmondes

Der Erdmond, der sich nicht in die Systematik der meisten anderen Monde einordnen lässt (Abschn. 2.3), sondern einen Sonderfall darstellt, muss auch eine ungewöhnliche Entstehungsgeschichte haben. Die Mondentstehung ist noch keineswegs zweifelsfrei verstanden, und es existieren dazu verschiedene Theorien bzw. Modellvorstellungen. Ihre Brauchbarkeit ist daran zu messen, wie gut sie die folgenden Eigenschaften des Mondes und des Erde-Mond-Systems erklären können:

- Der Mond ist im Vergleich zur Erde relativ groß und trägt den größten Teil zum Drehimpuls des Erde-Mond-Systems bei.
- Die Mondbahnellipse ist nur schwach exzentrisch; ihre Bahnebene ist nur 5° gegen die Ekliptik geneigt, liegt also keineswegs in der Ebene des Erdäquators.
- Die mittlere Dichte des Mondes ist mit 3,3 g/cm³ deutlich geringer als die der Erde mit 5,5 g/cm³.
- Der Mond als Ganzes ist im Vergleich zur Erde arm an Eisen.
- Der Mond und der äußere Bereich der Erde bestehen zu 98 % aus dem gleichen Material, wie aus der identischen Zusammensetzung ihrer Sauerstoffisotope folgt.
- Die ältesten Mondgesteine haben sich erst 50 bis 100 Mio. Jahre nach der Entstehung des Planetensystems verfestigt, während man davon ausgeht, dass sich die meisten Asteroiden dieser Größe bereits in den ersten Hunderttausenden Jahren gebildet haben.
- Die ältesten Mondgesteine haben sich aus einem Magmaozean kristallisiert, was auf einen „energiereichen" Beginn der Mondbildung hinweist. Zu dieser Zeit waren die Hitze produzierenden kurzlebigen Nuklide Al-26 (Halbwertszeit: 7 Mio. Jahre) und Fe-60 (Halbwertszeit: 0,1 Mio. Jahre) schon abgeklungen.

Diese Eigenschaften sind nur schwer miteinander in Einklang zu bringen: Zum einen legt die fast gleiche isotopische Zusammensetzung eine enge Verwandtschaft und gleichzeitige Entstehung von Erde und Mond nahe, zum anderen sind dann aber die unterschiedliche Dichte, das Eisen-Defizit des Mondes sowie seine verspätete Entstehung schwer zu verstehen.

Die Kollisionstheorie Die meisten Fachleute stimmen heute der Kollisionstheorie (*giant impact theory*) zu, der jüngsten aller Mondentstehungstheorien, die erst nach den bemannten Mondlandungen (Hartmann und Davis 1975; Cameron und Ward 1976) formuliert worden ist. Gemäß dieser Theorie entstand der Mond in der Frühphase der Planetenentwicklung aus dem Auswurfmaterial beim Zusammenprall eines Planetoiden mit der Urerde. In der Folge wurden aufwendige Modellrechnungen dieses Szenarios durchgeführt (Canup und Asphaug 2001). Die beste Übereinstimmung mit den oben genannten Eigenschaften des Erde-Mond-Systems wurde erreicht, wenn man annahm, dass der aufprallende Planetoid, auch Theia genannt, 10 bis 15 % und die Urerde 85 bis 90 % der Masse der heutigen Erde besaß. Theia hatte somit etwa die Größe des Mars, dessen Masse 10,7 % der heutigen Erdmasse beträgt. Planetoiden dieser Größenordnung waren in der Frühzeit des Sonnensystems reichlich vorhanden. Der größte Teil von Theia verblieb nach dem Aufprall mit der Erde verbunden, wobei ihr Eisenkern in den Erdkern herabgesunken sein dürfte. Von dem herausgeschleuderten silikatreichen Mantelmaterial beider Objekte fiel das meiste auf die Erde zurück oder entwich in den Weltraum. Nur ein Bruchteil erzeugte eine Wolke aus Gas, Staub und Gesteinstrümmern im Erdorbit, die sich in kurzer Zeit durch Gravitation zu einer festen Kugel, dem Mond, zusammenzog. Der Aufprall muss im Frühstadium der Erdentwicklung stattgefunden haben, denn eine Narbe davon ist nicht mehr auszumachen, aber doch erst zu einer Zeit, in der im Erdinneren bereits die Trennung von schwerem und leichtem Material stattgefunden hat. So erklärt sich, warum der Mond nur eine dem äußeren Erdmantel entsprechende mittlere Dichte von 3,3 g/cm³ aufweist und nicht die 5,5 g/cm³ der mittleren Erddichte und warum er vergleichsweise arm an Eisen ist. Sicherlich hat auch die Erdachse bei dieser Kollision einen Schlag wegbekommen, und ihre heutige Neigung zur Ekliptik könnte daher rühren.

Die Größe von Theia mit ungefähr 10 % der Erdmasse ergab sich auch aus der Forderung, dass der heutige Drehimpuls des Erde-Mond-Systems durch diese Kollision erzeugt worden sei. Nennen wir dieses Modell das Standard-Kollisionsmodell.

Seit der Formulierung dieses Modells haben immer weiter verbesserte Analysemethoden ergeben, dass Mond und Erde identische isotopische Zusammensetzungen von Sauerstoff, Silizium, Titan, Chrom und Wolfram aufweisen (Halliday 2012). Die einfachste Erklärung dafür ist, dass der Mond aus Material des Erdmantels geformt wurde. Die Marsgröße von Theia in den Simulationen hat jedoch zur Folge, dass das Material, welches den Mond formt, zu über 60 % von Theia stammt. Das Standard-Kollisionsmodell kann also die isotopische Gleichheit von Erde und Mond nicht erklären.

Nun gab es in jüngster Zeit eine spannende Entwicklung (Ćuk und Stewart 2012; Canup 2012), die unser Bild von der Mondentstehung erheblich modifiziert hat: Die Autoren lösen das oben genannte Problem, indem sie von der Forderung abrücken, der heutige Drehimpuls des Systems sei allein durch die Kollision erzeugt worden. Ćuk und Stewart (2012) nehmen an, dass die Urerde vor der Kollision viel schneller rotiert hatte (2,5-Stunden-Periode), als bisher angenommen, und dass nach der Bildung des Mondes im Abstand von nur wenigen Erdradien das System ebenfalls viel schneller rotierte als im Standard-Kollisionsmodell. Sie weisen nach, dass unter diesen Annahmen das System im Verlauf der ersten 100.000 Jahre infolge einer „Resonanz" mit der Gezeitenkraft der Sonne abgebremst wurde. Von da an hatte es konstant den heutigen Drehimpuls. Damit hätte die Kollision nur einen relativ kleinen Anteil zum Drehimpuls des Erde-Mond-Systems beigetragen. Dies eröffnet die Möglichkeit, andere Massenverhältnisse von Theia zu Urerde zu untersuchen.

Ćuk und Stewart (2012) untersuchten Szenarien mit sehr kleiner Theia-Masse. In einem Beispiel, in dem Theia nur 2 % der Erdmasse besitzt, gelangt in den erzeugten Mond nur 8 % Theia-Material, zu vergleichen mit 2 % in der finalen Erde. Solch ein kleiner Anteil von Theia-Material in beiden Objekten bedeutet auch, dass die isotopischen Unterschiede zwischen Erde und Mond gering sind.

Canup (2012) wählte das andere Extrem und modellierte Szenarien mit besonders hoher Theia-Masse. Je größer Theia wird, umso ähnlicher werden die Materialzusammensetzungen zwischen der mit Theia vermischten Ur-erde und dem Mond. Bei 45 % Theia- zu Gesamtmasse wurde eine mehr als 98 %ige Materialgleichheit von Erde und Mond erreicht. Damit wurde die strengste Vorgabe, die aus den identischen Sauerstoffisotopen folgt, erfüllt.

Im Licht der neuen Erkenntnisse hatte also der kollidierende Planetoid nicht 10 % der Erdmasse, sondern war entweder sehr viel kleiner oder größer.

Bei den im Folgenden skizzierten „klassischen" Theorien zur Mondent-stehung, die seit dem 19. Jahrhundert formuliert wurden, gibt es zum Teil gravierende Widersprüche zu den Beobachtungen. Sie sind deshalb nur noch von historischem Interesse.

Abspaltungstheorie Diese Theorie hat *George Darwin*, der Sohn des berühm-ten *Charles Darwin*, 1878 entwickelt. Ihr zufolge rotierte die Erde in ihrer Frühphase so schnell, dass sich am Äquator, wo die Fliehkraft am größten ist, ein Teil des Erdmantels ablöste. Dieses Material umkreiste dann die Erde als Staub- und Gesteinsscheibe, aus der sich durch Zusammenballung der Mond bildete.

Dieses Modell erklärt als einziges die Tatsache, dass der Mond aus Erd-material besteht. Auch macht es die geringere Dichte des Mondes verständ-lich, denn sie entspricht der Dichte des oberen Erdmantels. Ferner ist die ungewöhnliche Größe des Mondes mit einer Abspaltung aus dem Äquator-wulst vereinbar.

Die Erde hat früher tatsächlich schneller rotiert; man vermutet eine Tages-länge zwischen 2,5 und fünf Stunden. Für eine Abspaltung wäre indes die extrem hohe Rotationsgeschwindigkeit entsprechend einer Tageslänge von nur 1,4 h erforderlich gewesen[4]. Doch warum sollte das Erdmaterial zunächst

---

[4] Die zur Abspaltung erforderliche Winkelgeschwindigkeit ω der Erde erhält man, indem man die Schwerkraft am Äquator gleich der Fliehkraft setzt: Es gilt $mg = m\omega^2 R_E$. Hierbei ist m eine Probemasse und $\omega = 2\pi/T_{E,rot}$. Damit wird die Tageslänge $T_{E,rot} = 2\pi\sqrt{R_E/g}$. Mit $R_E = 6371$ km und $g = 9{,}81$ m/s^2 ergibt sich $T_{E,rot} = 1{,}4$ h.
Die Tageslänge in der Frühzeit der Erde schätzen wir folgendermaßen ab: Der Gesamtdrehimpuls des Erde-Mond-Systems ist sechsmal so groß wie der heutige Eigendrehimpuls der Erde. Dieser ist propor-tional zu ω. Hätte also die Erde vor der Abspaltung den gesamten Drehimpuls des Erde-Mond-Systems besessen, so hätte die Tageslänge ein Sechstel ihres heutigen Wertes, d. h. 4 h statt 24 h, betragen müssen.

zusammengehalten haben, um später auseinanderzufallen? Ferner müsste nach dieser Theorie der Mond in der Äquatorebene umlaufen, was nicht der Fall ist.

Doppelplanetentheorie Diese Theorie besagt, dass sich Erde und Mond aus einer gemeinsamen Verdichtung des präsolaren Urnebels direkt zu einem Doppelplaneten entwickelt haben. Wenn sich Erde und Mond dicht beieinander entwickelten, ist es aber völlig unerklärlich, warum sich ihre Dichte bzw. ihr Anteil an Eisen so stark unterscheiden. Auch die 5°-Neigung der Mondbahn gegen die Ekliptik wird damit nicht begreiflich.

Einfangtheorie Diese Theorie nimmt an, dass der Mond von der Erde eingefangen worden ist. Dies ist aber nicht ohne Weiteres möglich, denn ein vorher ungebundener Körper, der in das Schwerefeld der Erde gerät, wird, wenn er nicht direkt auf der Erde einschlägt, auf einer Hyperbelbahn abgelenkt, auf der er das Erdfeld auch wieder verlässt. Ein Einfang ist nur denkbar, wenn ein drittes Objekt mit im Spiel war, welches den Mond bei seiner Annäherung an die Erde abgebremst hat, aber selbst nicht eingefangen wurde, was sehr unwahrscheinlich ist. – Die Einfangtheorie kann den hohen Drehimpuls des Systems sowie den Unterschied der Dichte von Erde und Mond sehr elegant erklären. Sie macht auch die nur geringe Neigung der Mondbahn zur Ekliptik verständlich. Allerdings müsste nach dieser Theorie die Mondbahn eine lang gestreckte Ellipse sein. Vor allem aber steht ein Einfang in krassem Widerspruch zu der gleichen isotopischen Zusammensetzung.

Keine der genannten klassischen Entstehungstheorien kann die Befunde befriedigend erklären. Die eingangs beschriebene Kollisionstheorie hingegen hat eine gewisse Verwandtschaft mit Teilen der Einfang- und der Abspaltungstheorie und vermag auf diese Weise allen Beobachtungsergebnissen einigermaßen gerecht zu werden.

Literatur

Blühm A (Hrsg) (2009) Der Mond. Hatje Cantz Verlag, Ostfildern

Cameron AGW, Ward W (1976) The origin of the moon. Abstr Lunar Planet Sci Conf 7:120–122

Canup RM (2004) Simulations of a late lunar-forming impact. Icarus 168:433–456

Canup RM (2012) Forming a moon with an earth-like composition via a giant impact. Science 338:1052–1055

Canup RM, Asphaug E (2001) Origin of the moon in a giant impact near the end of the earth's formation. Nature 412:708–712

Ćuk M, Stewart ST (2012) Making the moon from a fast-spinning earth: a giant impact followed by resonant despinning. Science 338:1047–1052

Garrick-Bethell I, Weiss BP, Shuster DL et al. (2009) Early lunar magnetism. Science 323:356–359

Halliday AN (2012) The origin of the moon. Science 338:1040–1041

Hartmann WK, Davis DR (1975) Satellite-sized planetesimals and lunar origin. Icarus 24:504–515

Hauri EH, Weinreich T, Saal AE et al. (2011) High pre-eruptive water contents preserved in lunar melt inclusions. Science 333:213–215

Heiken G, Vaniman D, French BM (1991) Lunar sourcebook. A user's guide to the moon. Cambridge University Press, New York

Herrmann J (2005) dtv-Atlas Astronomie. Deutscher Taschenbuch Verlag, München

Jaumann R, Köhler U (2009) Der Mond. Entstehung. Erforschung. Raumfahrt. Fackelträger Verlag, Köln

Johnson RE (1996) Energetic charged particle interactions with atmospheres and surfaces. Springer, New York

Jutzi M, Asphaug E (2011) Forming the lunar farside highlands by accretion of a companion moon. Nature 76:69–72

North G (2003) Den Mond beobachten. Spektrum Akademischer Verlag, Heidelberg

Prölss GW (2001) Physik des erdnahen Weltraums: Eine Einführung. Springer, Heidelberg

Rees M (Hrsg) (2006) Das Universum. Dorling Kindersley, München

Switkowski ZE, Haff PK, Tombrello TA et al. (1977) Mass fractionation of the lunar surface by solar wind sputtering. J Geophys Res 82:3797–3804

Voigt HH, Röser H-J, Tscharnuter W (Hrsg) (2012) Abriss der Astronomie, 6. Aufl. Wiley-VCH, Weinheim

Weber RC, Lin P-Y, Garnero EJ et al. (2011) Seismic detection of the lunar core. Science 331:309–312

Wiechert U, Halliday AN, Lee DC et al. (2001) Oxygen isotopes and the moon-forming giant impact. Science 294:345–348

Wikipedia – Die Freie Enzyklopädie: Mond. Zugegriffen: 23. Okt. 2012

Wilkinson J (2010) The moon in close-up. A next generation astronomer's guide. Springer, Heidelberg

4

Mondphasen und Beleuchtungsstärke

4.1 Mondphasen

Der scheinbare tägliche Umlauf von Mond und Sonne (aufgrund der Erdrotation) erfolgt von der *Nordhalbkugel* der Erde aus gesehen in Richtung
O → S → W, wie in Abb. 4.1 skizziert. Bezogen auf den Sternenhintergrund
bewegt sich der Mond jedoch in 24 h um 13,2° in Richtung W → S →
O. Von unseren Breiten kann man den Mond ebenso wenig wie die Sonne
im Norden stehen sehen; beide stehen dann unter dem Horizont. Hingegen
von der *Südhalbkugel* aus erscheint die Sonne mittags im Norden. Deshalb
erscheint für unsere Antipoden der tägliche Umlauf in Richtung O → N →
W und die Eigenbewegung des Mondes in Richtung W → N → O.

  Die Sonne beleuchtet stets eine Hälfte von Erde und Mond, wie in Abb. 4.2
(oben) auf dem inneren Kreis dargestellt ist. Beim Umlauf des Mondes um die
Erde ändert sich seine Stellung relativ zur Sonne, und damit werden unterschiedlich große Teile seiner der Erde zugewandten Hemisphäre beleuchtet.
Im äußeren Kreis der Abbildung ist gezeigt, wie man den Mond von der
Erde aus im Laufe eines Monats sieht. Nach im Mittel 29,53 Tagen hat er
wieder dieselbe Stellung bezüglich der Sonne erreicht, z. B. von Vollmond
bis Vollmond. Diese Umlaufzeit heißt *synodischer Monat* (Abschn. 5.2) und
ein vollständiger Ablauf aller *Phasen* (Lichtgestalten) des Mondes wird *Lunation* genannt. Da die Mondbahn nur geringfügig (5,1°) gegen die Ekliptik geneigt ist, erleben wir jeden Monat das einzigartige Schauspiel aller Be-
leuchtungsphasen zwischen unbeleuchtet und voll beleuchtet. Dieser stetige
Wandel seiner sichtbaren Beleuchtungsform ist sicherlich das Phänomen, was
uns beim Anblick des Mondes, ja des gesamten Nachthimmels, am meisten
beeindruckt. (Die dunkle Seite des Mondes ist nicht zu verwechseln mit der
Mondrückseite, die wir nie sehen. Die Rückseite wird genauso periodisch beleuchtet wie die Vorderseite.)

© Springer-Verlag GmbH Deutschland, ein Teil von Springer Nature 2013
E. Kuphal, *Den Mond neu entdecken*,
https://doi.org/10.1007/978-3-642-37724-2_4

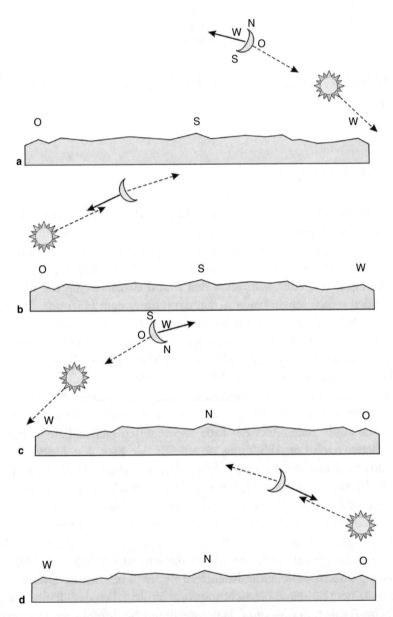

Abb. 4.1 Laufrichtung von Sonne und Mond über dem Horizont. *Gestrichelte Pfeile*:
Scheinbarer täglicher Umlauf aufgrund der Erdrotation. *Durchgezogene Pfeile*: Eigenbewegung des Mondes vor dem Fixsternhimmel. – Die Richtungen auf dem Mond sind
nach der astronautischen Orientierung angegeben. **(a)** Zunehmender Mond nachmittags, **(b)** abnehmender Mond vormittags. **(a)** und **(b)** sind von der Nordhalbkugel aus
gesehen. **(c)** Zunehmender Mond nachmittags, **(d)** abnehmender Mond vormittags.
(c) und **(d)** sind von der Südhalbkugel aus gesehen

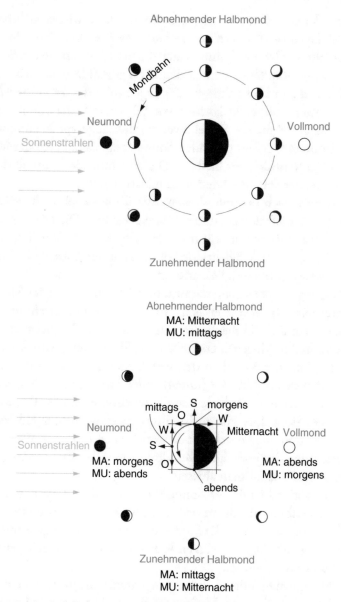

Abb. 4.2 (*oben*) Entstehung der Mondphasen. (*unten*) Abschätzung, wann Mondaufgang (MA) und Monduntergang (MU) im Laufe eines Monats stattfindet. (Zur Vereinfachung steht in dieser Skizze die Erdachse senkrecht zur Verbindungslinie Erde-Sonne, und der Beobachtungsort liegt am Äquator.)

Steht der Mond von der Erde aus in Richtung Sonne, so schauen wir auf die unbeleuchtete Mondseite und es ist *Neumond.* Die Zeitdauer seit dem letzten Neumond wird *Mondalter* genannt. Etwa ein bis drei Tage nach Neumond wird der junge, zunehmende Mond erstmals abends als schmale Sichel östlich von der im Westen untergegangenen Sonne wieder sichtbar. Nach etwa sieben Tagen ist *erstes Viertel (zunehmender Halbmond)*; der Mond steht jetzt bereits 90° östlich der Sonne. Nach 14 bis 15 Tagen stehen Sonne und Mond in Opposition, also einander diametral gegenüber, und wir sehen den *Vollmond*. Bei einem Mondalter von 22 Tagen folgt das *letzte Viertel (abnehmender Halbmond)* mit einer Position von 90° westlich der Sonne. Letztmals sehen wir die abnehmende Sichel zwei bis drei Tage vor Neumond in der Morgendämmerung der aufgehenden Sonne voraneilen, bevor der Mond für drei bis fünf Tage unsichtbar bleibt. – Der zunehmende Mond entfernt sich von der Sonne, der abnehmende Mond nähert sich ihr.

Kurz vor oder nach Neumond, wenn die Mondsichel noch nicht zu hell scheint, kann man oft den gesamten Mond erkennen. Dieser *Erdschein*, auch *aschgraues Mondlicht* genannt, rührt von einer schwachen Erhellung des Mondes durch das an der Erde reflektierte Sonnenlicht her. Dies hat Galilei bereits in seinem *Dialogo* zutreffend beschrieben.

Am Übergang vom beleuchteten zum unbeleuchteten Teil des Mondes, der Schattengrenze, auch *Terminator* genannt, fällt die Sonnenstrahlung streifend ein, weshalb man die Oberflächenstrukturen dort am deutlichsten erkennen kann. Bei Vollmond hingegen erscheinen die Strukturen relativ kontrastarm.

Wann ungefähr der Mond zu den verschiedenen Phasen auf- und untergeht, kann man sich in Abb. 4.2 (unten) anhand der an die Erde gezeichneten Tangenten klar machen. Sie bedeuten die Horizontebene des Beobachters zu den vier Tageszeiten. Die Himmelsrichtungen sind mit der Horizontebene fest verbunden und drehen sich mit der rotierenden Erde mit. Wenn die Tangente in Richtung der jeweiligen Mondposition weist, ist *Mondaufgang* bzw. *Monduntergang*. So kann man ablesen:

Der Neumond geht mit der Sonne morgens auf und abends unter. Der zunehmende Halbmond geht mittags auf und mitternachts unter. Der Vollmond geht abends auf (wenn die Sonne untergeht) und morgens unter (wenn die Sonne aufgeht). Der abnehmende Halbmond schließlich geht mitternachts auf und mittags unter.

Ferner erkennt man anhand dieser Tangenten, warum der Mond (wie alle Gestirne, die täglich über dem Horizont aufsteigen) immer etwa im Osten aufgeht und seinen täglichen Höchststand, die *Kulmination*, im Süden erreicht und etwa im Westen untergeht. Natürlich kann man Aufgang, Kulmination und Untergang nur beobachten, wenn sie nicht von der Sonne überblendet werden. So geht zwar die schmale Sichel des zunehmenden Mondes, die der Sonne in geringem Winkelabstand folgt, ebenfalls im Osten auf, aber man sieht sie erst kurz vor ihrem Untergang in der Abenddämmerung im Westen. Tagsüber sichtbar ist der Mond im ersten Viertel nachmittags und im letzten Viertel vormittags.

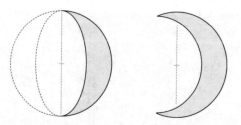

Abb. 4.3 Die Form der Mondsichel: links richtig und rechts falsch

Die sichtbare Beleuchtungsform des Mondes wird stets durch einen halben Umfangskreis und eine halbe Ellipse (von 180°) begrenzt, denn die Schattengrenze auf dem Mond ist ein Großkreis, der sich bei schräger Betrachtung als Ellipse darstellt (Abb. 4.3). Häufig findet man Darstellungen, bei denen die Mondsichel durch zwei Kreissegmente begrenzt wird, die größer als 180° sind. Dies ist rechts in Abb. 4.3 gezeigt, entspricht aber nicht der wirklichen Lichtgestalt des Mondes. Beispiele dafür sieht man in den Flaggen islamischer Staaten oder dem Symbol des *Roten Halbmonds*, der Hilfsorganisation islamischer Länder. Auch in den vielen spätmittelalterlichen christlichen Darstellungen der *Mondmadonna* finden wir die Maria auf einem „gehörnten" Mond thronen.

Die Stellung der Mondsichel Der Bauch der Mondsichel zeigt immer in Richtung Sonne, also von der Nordhalbkugel aus bei zunehmendem Mond nach Westen und bei abnehmendem Mond nach Osten (Abb. 4.1). Während auf der Nordhalbkugel – nach Süden blickend – Osten „links" und Westen „rechts" liegt, erscheint auf der Südhalbkugel – nach Norden blickend – Osten „rechts" und Westen „links", sodass dort der Mond auf dem Kopf stehend und seine Bewegung seitenverkehrt erscheinen. (Von der Nordhalbkugel aus gesehen liegt der Mond-Nordpol oben, von der Südhalbkugel aus gesehen der Mond-Südpol oben.)

Die schmale Sichel des jungen Mondes zeigt, von unseren Breiten aus betrachtet, kurz nach Sonnenuntergang meist nach „rechts" oder „rechts unten", wie in Abb. 4.4 für ein ganzes Jahr dargestellt ist.

Wie können wir diese wechselnde Stellung der Mondsichel verstehen? Hierzu wollen wir den Winkel zwischen der Verbindungslinie Mond–Sonne und unserer Horizontebene den Stellwinkel der Mondsichel nennen. Da wir wissen, dass der Mond sich ungefähr und die Sonne genau auf der Ekliptik bewegen, müssen wir untersuchen, unter welchem Winkel die Ekliptik bei Sonnenuntergang unsere Horizontebene schneidet. Dieser Schnittwinkel ist dann ungefähr gleich dem Stellwinkel der Mondsichel. In Abb. 4.5a und b ist die Erdkugel bei Herbstanfang bzw. Frühlingsanfang dargestellt, wobei die Sonne senkrecht zur Papierebene stehen möge und von der Erde verdeckt ist

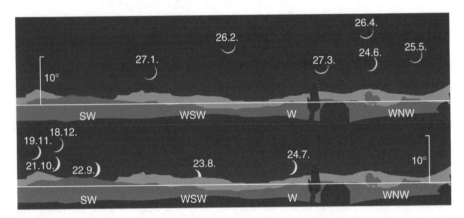

Abb. 4.4 Stellung und relative Lage der zunehmenden Mondsichel zum Westhorizont jeweils am ersten Sichtbarkeitsabend nach Neumond, eine halbe Stunde nach Sonnenuntergang im Jahre 2009. (Aus Keller H-U: Kosmos Himmelsjahr 2009. © Frankh-Kosmos-Verlag, Stuttgart)

(vgl. auch Abb. 2.3). Dann steht zum Zeitpunkt des Sonnenuntergangs die Horizontebene ebenfalls senkrecht zur Papierebene und stellt sich als Gerade dar. Wir sehen, dass bei 50° nördlicher geographischer Breite die Ekliptik bei Frühlingsanfang sich steil (unter 63,5°), aber bei Herbstanfang nur flach (16,5°) aus dem Horizont erhebt. An allen anderen Tagen des Jahres liegen die Schnittwinkel zwischen diesen beiden Extremwerten, z. B. bei Sommer- und Winteranfang bei 40°. In Abb. 4.5c sind die Ergebnisse zusammengefasst. Hier steht die Sonne bereits 6° unter dem Horizont, entsprechend dem Ende der bürgerlichen Dämmerung. Im Frühling ist der Mond bereits einen Tag nach Neumond sichtbar, mit sehr schmaler Sichel und hohem Stellwinkel. Im Herbst hingegen zeigt er sich erst am zweiten Tag nach Neumond, seine Sichel ist schon breiter, der Stellwinkel flach. Ein Blick auf Abb. 4.4 zeigt, dass die Stellungen der Mondsichel im Jahresverlauf hiermit recht gut erklärt werden.

Allerdings sehen wir auch, dass auf diesem Bild im Frühjahr die Mondsichel nahezu waagrecht liegt, der Stellwinkel also fast 90° beträgt. Wie ist das zu verstehen? Unser Trabant bewegt sich im Monatsverlauf periodisch bis zu 5° über oder unter der Ekliptik. Wenn er nun – wie im dargestellten Jahr 2009 – in den Frühlingsmonaten kurz nach Neumond gerade am höchsten über der Ekliptik steht, also seine größte *Nordbreite* hat, dann können wir auch hierzulande eine waagrecht liegende Sichel beobachten. Diese Situation ist in Abb. 4.5c skizziert, wo der Mond auf der gestrichelten Linie über der Ekliptik und deshalb nahezu senkrecht über der Sonne steht.

Die Verhältnisse für einen Beobachter am Äquator zeigt Abb. 4.6. Dort erhebt sich die Ekliptik bei Sonnenuntergang viel steiler aus dem Horizont als bei höheren Breitengraden, nämlich zwischen 66,5° und 113,5°, bei Sommer-

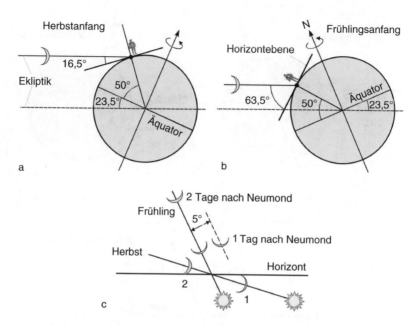

Abb. 4.5 Schnittwinkel zwischen Ekliptik und Horizont bei Sonnenuntergang und 50° nördlicher Breite. **a** bei Herbstanfang. **b** bei Frühlingsanfang. **c** auf den Horizont bezogen (siehe Text)

und Winteranfang jeweils 90°. Somit erscheint dort die Mondsichel meist nahezu waagrecht liegend.

Jedem Leser ist sicherlich schon aufgefallen, dass die Mondsichel nicht immer in Richtung Sonne ausgerichtet erscheint. Deutlich sieht man das z. B. beim abnehmenden Mond wenige Tage nach Vollmond, der vormittags zusammen mit der Sonne sichtbar ist (Abb. 4.7). Der Bauch des Mondes zeigt dann keineswegs in Richtung der gestrichelten Linie, sondern steiler in den Himmel. Der Grund dafür ist, dass wir unwillkürlich Sonne und Mond als gleich weit entfernt sehen, also die Sonnenentfernung verkürzt wahrnehmen. In Wahrheit ist die Sonne fast 400-mal so weit entfernt wie der Mond, und bezogen auf diese „wahre" Sonne stimmt die Stellung der Lichtgestalt des Mondes sehr wohl.

Des Weiteren beobachten wir eine *scheinbare Drehung der Mondstruktur im Laufe des Tages.* Wer den Vollmond abends bei seinem Aufgang und morgens bei seinem Untergang mit dem bloßen Auge oder mit einem Fernglas betrachtet, stellt fest, dass das „Mondgesicht" in dieser Zeit etwa eine Vierteldrehung im Uhrzeigersinn vollführt hat. Dies liegt an der sich ändernden Stellung unserer Horizontebene zur Ekliptik.

Großer Mond am Horizont Der Mond (wie auch die Sonne) erscheint uns in Horizontnähe größer, als wenn er hoch am Himmel steht. Dies ist eine op-

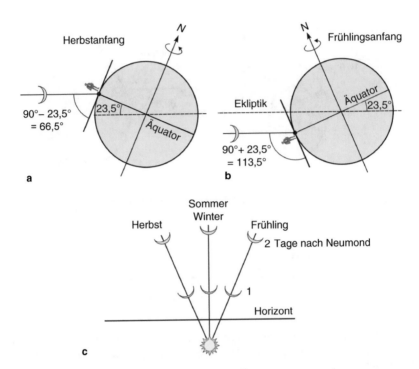

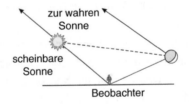

Abb. 4.6   Wie Abb. 4.5, jedoch Beobachter am Äquator

Abb. 4.7   Scheinbar falsche Stellung der Lichtgestalt des Mondes

tische Täuschung, die durch die Bildverarbeitung in unserem Gehirn hervor-
gerufen wird (Keller 2010). Der Himmel über uns wird durch die *Winkelhöhe*
von 0° am Horizont bis 90° im Zenit gleichmäßig unterteilt. In unserer Wahr-
nehmung jedoch ist die Winkeleinteilung in Horizontnähe gespreizt und in
Zenitnähe zusammengestaucht, sodass uns entfernte Objekte „unten" größer
vorkommen als „oben". Wegen dieser Verzerrung scheint z. B. der Polarstern
ungefähr 70° hoch zu stehen. Seine Winkelhöhe ist aber gleich der geographischen Breite des Beobachters, also bei uns ca. 50°. Wer den Vollmond einmal
„unten" und einmal „oben" mit gleicher Brennweite fotografiert, kann leicht
beweisen, dass er beide Male gleich groß ist! Genau genommen ist der Mond
am Horizont stehend, wo er um einen Erdradius weiter von uns entfernt ist

Tab. 4.1 Beleuchtungsstärke (Lux) von Sonne und Mond bei verschiedenen Winkelhöhen über dem Horizont. Nach Seidelmann 1992

Winkelhöhe	Sonne	Vollmond	Halbmond
30°	$4,6 \cdot 10^4$	0,10	0,012
60°	$1,0 \cdot 10^5$	0,21	0,025
90°	$1,2 \cdot 10^5$	0,27	0,030

als im Zenit, sogar um ein Sechzigstel kleiner. – Die scheinbare Anhebung und ovale Verformung des Mondes in Horizontnähe ist allerdings keine optische Täuschung, sondern durch die Lichtbrechung in der Atmosphäre bedingt (Abschn. 8.1).

4.2 Beleuchtungsstärke und Helligkeit

Wie hell leuchtet uns der Mond? In Tab. 4.1 sind einige Werte der *Beleuchtungsstärke* von Sonne und Mond in Abhängigkeit ihrer Winkelhöhe über dem Horizont angegeben. Die Beleuchtungsstärke, der einfallende *Lichtstrom* pro Flächeneinheit in Einheiten von Lux = Lumen/m², wurde am Erdboden bei klarem Wetter gemessen. Der Vollmond beleuchtet uns 440.000-mal schwächer als die Sonne (jeweils im Zenit). Dabei ist seine Beleuchtungsstärke 0,27 Lux, was einer Einheitskerze in 1,9 m Abstand oder einer 100-W-Glühlampe in 19 m Entfernung entspricht[1].

Der Halbmond liefert uns nur ein Neuntel so viel Licht wie der Vollmond. Die Beleuchtungsstärke ändert sich also nicht proportional zu der für uns sichtbaren beleuchteten Mondfläche, sondern stärker. Eine Proportionalität wäre selbst bei einer glatten Kugel wegen des einmal senkrechten, einmal schrägen Lichteinfalls von der Sonne auch gar nicht zu erwarten. Hinzu kommt, dass sich bei schrägem Lichteinfall in den Vertiefungen der Mondoberfläche Schatten bilden, die die Mondhelligkeit vermindern.

---

[1] Eine Fläche wird mit der Beleuchtungsstärke 1 Lux beleuchtet, wenn eine Lichtquelle der *Lichtstärke* 1 Candela = 1 cd = 1 Lumen/sterad, also eine Einheitskerze, in 1 m Entfernung steht. Der Beleuchtungsstärke des Vollmonds entspricht eine Einheitskerze in $1\,m/\sqrt{0,27} = 1,9\,m$ Entfernung. Ferner gilt: Eine 100-W-Glühlampe erzeugt bei 2 % Wirkungsgrad eine *Lichtleistung* von 2 W_{opt}. Nach dem photometrischen Äquivalent entspricht 1 W_{opt} einem *Lichtstrom* von $\Phi = 680\,Lumen$ bei 550 nm Wellenlänge (gelbgrünes Licht). Die Lichtstärke einer 100-W-Glühlampe beträgt damit etwa $I = {}^{d\Phi}/_{d\Omega} = 2 \cdot 680\,Lumen/(4\pi \cdot sterad) \approx 100\,Lumen/sterad = 100\,cd$. Somit entspricht 1 W elektrisch einer Glühlampe ungefähr 1 cd! Die dem Vollmond entsprechende Entfernung einer 100-W-Glühlampe ist damit $1\,m\sqrt{100}/\sqrt{0,27} = 19\,m$.

Die Beleuchtungsstärke der Sonne ist, verglichen mit der des Vollmonds im Zenit, noch 2600-mal höher, wenn sie direkt am Horizont steht, und noch gleich groß, wenn sie sich bereits 8° unter dem Horizont befindet.

Die Helligkeit in einer klaren Vollmondnacht reicht aus, um uns im Gelände orientieren zu können. Wie man leicht selbst ausprobieren kann, lässt sich dann sogar ein Buchtext entziffern. So ist beispielsweise von *Johann Sebastian Bach* überliefert, dass er als Zwölfjähriger Noten im Mondlicht auf der Fensterbank abgeschrieben hat!

Üblicherweise wird in der Astronomie die *Helligkeit* eines Gestirns angegeben, die ein Maß für die von ihm empfangene *Bestrahlungsstärke* (in W/m^2) ist. (Die physikalische Bestrahlungsstärke entspricht der physiologischen Beleuchtungsstärke.) Die Maßeinheit der Helligkeit ist die *Größenklasse* mit dem Einheitenzeichen *m* (von lat. *magnitudo*, „Größe"). Dabei wird das Zeichen *m* bei Dezimalzahlen hochgestellt über das Komma geschrieben. Die Helligkeit eines Gestirns ist umso größer, je größer seine ausgesandte Strahlungsleistung und geringer sein Abstand von der Erde ist. Die scheinbaren Helligkeiten m_1 und m_2 zweier Himmelskörper sind mit den empfangenen Bestrahlungsstärken S_1 und S_2 durch die Beziehung

$$\Delta m = m_1 - m_2 = -2{,}5 \cdot \log\left(S_1/S_2\right)$$

verknüpft. Ein Helligkeitsunterschied von $\Delta m = 1$ entspricht somit einem Verhältnis der Bestrahlungsstärken von $10^{0{,}4} = 2{,}512$. Die Sonne hat eine scheinbare Helligkeit $-26{,}^m74$ und der Mond bei mittlerer Entfernung $-12{,}^m74$ (Zimmermann und Weigert 1999). Aus der Differenz von $\Delta m = 14$ folgt das Verhältnis der Bestrahlungsstärken zu 400.000.

Bei den Größenklassen entsprechen *kleine* Zahlenwerte *großen* Helligkeiten und umgekehrt. Dies ist eine Anpassung an das seit der Antike gebräuchliche System, wo man die hellsten Sterne als „Sterne 1. Größe" und die schwächsten, gerade noch erkennbaren, als „Sterne 6. Größe" bezeichnet hat.

Literatur

Keller H-U (Hrsg) (2010) Kosmos Himmelsjahr 2011. Frankh-Kosmos-Verlag, Stuttgart (S. 91, Riesenmond am Horizont und atmosphärische Refraktion)

Seidelmann PK (Hrsg) (1992) Explanatory supplement to the astronomical almanac. University Science Books, Mill Valley

Zimmermann H, Weigert A (1999) Lexikon der Astronomie. Spektrum Akademischer Verlag, Heidelberg

5

Die Mondbahn bezogen auf die Erde

5.1 Die Ellipsenbahn in Kurzform

Bezogen auf den Erdmittelpunkt, bewegt sich der Mond in einem mittleren Abstand von $r_M = 384.400$ km, entsprechend 60,3 Erdradien, auf einer elliptischen Bahn einmal im Monat rechtläufig um seinen Mutterplaneten. Sein Abstand beträgt aber nur weniger als 1 % der Entfernung zu unseren nächsten Nachbarn im Weltraum, Venus und Mars – selbst zum Zeitpunkt ihrer größten Annäherung. Und die Sonne ist im Mittel 389-mal so weit entfernt wie der Mond. Das Licht benötigt für die Monddistanz etwa 1,28 Sekunden.

Der erdnächste Punkt der Mondbahn heißt *Perigäum* (griech. *peri geos* = nahe der Erde) und der erdfernste Punkt *Apogäum* (griech. *apo geos* = fern der Erde). Diese beiden Punkte heißen auch *Apsiden*, und ihre Verbindungslinie ist die *Apsidenlinie*. Die über viele Umläufe gemittelten Perigäums- und Apogäumsabstände vom Erdmittelpunkt betragen 363.300 km und 405.500 km entsprechend $r_M \pm 5,5$ %.

Winkeldurchmesser Der Mond hat ebenso wie die Sonne für uns einen *Winkeldurchmesser* (scheinbaren Durchmesser) von etwa 0,5° = 30'. Der genaue geozentrische (d. h. vom Erdmittelpunkt aus gerechnete) Mittelwert beträgt $2R_M/r_M = 31,1'$, der im Perigäum um 5,5 % größer und im Apogäum um denselben Betrag kleiner ist. Wer unseren Trabanten des Öfteren beobachtet, kann diese scheinbare Größendifferenz mit bloßem Auge wahrnehmen.

5.2 Siderischer und synodischer Monat

Die Umlaufzeit des Mondes kann verschieden definiert werden. In den folgenden Abschnitten werden fünf verschiedene Monatslängen beschrieben, die für unterschiedliche Zwecke sinnvoll sind. Angegeben sind jeweils Mittelwerte.

© Springer-Verlag GmbH Deutschland, ein Teil von Springer Nature 2013
E. Kuphal, *Den Mond neu entdecken*,
https://doi.org/10.1007/978-3-642-37724-2_5

Die grundlegende Monatslänge ist der *siderische Monat* T_{sid}, der 27,32 Tage[1] dauert und gleich der Zeitspanne zwischen zwei Durchgängen des Mondes durch den Stundenkreis (Längenkreis) desselben Fixsterns ist. Sein Name leitet sich von lat. *sidus, -eris* = Stern, Gestirn ab. Diese Monatslänge entspricht einem 360°-Umlauf auf der Bahnellipse. Sie wird unter anderem zur Berechnung der Bahn- und Winkelgeschwindigkeit sowie des Bahndrehimpulses benötigt.

Für den Mondbetrachter viel wichtiger ist jedoch der *synodische Monat* T_{syn}, der die Dauer eines Mondumlaufs in Bezug auf die Sonne bezeichnet (von griech. *sýnodos* = Zusammenkunft, in dem Falle von Sonne und Mond). Dies ist die Zeitspanne zwischen zwei gleichartigen Mondphasen (z. B. von Neumond zu Neumond), die im Mittel T_{syn} = 29,53 Tage beträgt. Warum dauert der komplette Lauf durch alle Mondphasen, der auch *Lunation* genannt wird, so viel länger als ein 360°-Umlauf? Dies ist in Abb. 5.1 veranschaulicht: Unser Startzeitpunkt sei bei Neumond. Nach einem siderischen Monat ist die Erde um $360° \cdot T_{sid}/T_{E,sid} = 26,9°$ weitergewandert. (Hierbei bedeutet $T_{E,sid}$ = 365,2564 Tage ein siderisches Jahr, entsprechend einem Umlauf der Erde um die Sonne von Fixstern bis Fixstern.) Der Mond benötigt nochmals etwa zwei Tage, um diesen Winkel einzuholen und damit zur nächsten Neumondphase zu gelangen.

T_{syn} errechnet sich aus dem siderischen Monat gemäß

$$\frac{1}{T_{syn}} = \frac{1}{T_{sid}} - \frac{1}{T_{E,sid}}.$$

Die Subtraktion der Kehrwerte der Umlaufzeiten folgt aus der Überlegung, dass hier die Winkelgeschwindigkeiten des Mond- und des Erdumlaufs voneinander zu subtrahieren sind und diese umgekehrt proportional zu den Umlaufzeiten sind. Nach einem synodischen Monat ist die Erde bereits um $360° \cdot T_{syn}/T_{E,sid} = 29,1°$ weitergewandert, und der Mond hat sich um 389,1° gedreht.

Die Lunationsdauer variiert von Monat zu Monat periodisch und kann bis zu sieben Stunden länger oder sechs Stunden kürzer als ihr Mittelwert sein (Voigt et al. 2012) (Abb. 5.2). Dies rührt hauptsächlich daher, dass der Mond in dieser Zeit mehr als einen Umlauf auf der Ellipsenbahn vollführt. Da er im Perigäum (Erdnähe) schneller als im Apogäum (Erdferne) läuft, hängt es von der Neumondposition auf der Bahnellipse ab, ob er länger oder kürzer bis zum nächsten Neumond braucht. Besonders kurz ist der synodische Monat, wenn der Mond zweimal in dieser Zeit das Perigäum überstreicht und besonders lang, wenn er zweimal das Apogäum passiert. In geringerem Maße wird

---

[1] Genaue Zahlenwerte siehe Anhang 2.

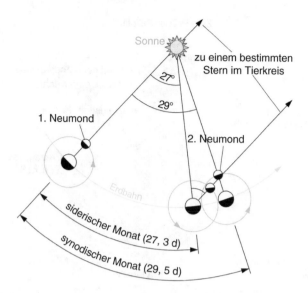

Abb. 5.1 Siderischer und synodischer Monat

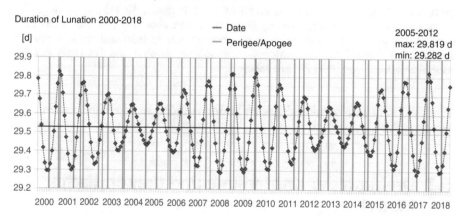

Abb. 5.2 Lunationsdauern in den Jahren 2000 bis 2018. (© W!B: Wikimedia Commons. Attribution-Share Alike 3.0 unported)

T_{syn} auch durch die ungleiche Geschwindigkeit der Erde auf ihrer Ellipsenbahn und andere Effekte beeinflusst.

Aus den oben genannten Gründen schwankt der Abstand der *Syzygien*, also die Zeit von Neumond bis Vollmond und von Vollmond bis Neumond, noch stärker, nämlich bis zu ± 20 Stunden um den Mittelwert $T_{syn}/2$.

Der synodische Monat spielt bei allen Erscheinungen eine Rolle, die mit den Mondphasen zusammenhängen, also z. B. Helligkeit bei Nacht, Ebbe und Flut, Sonnen- und Mondfinsternisse sowie als Zeiteinheit bei Mondkalendern. Auch ist der synodische Monat gleich einem *Mondtag*, der Zeit

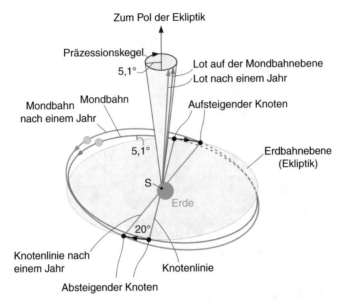

Zum Pol der Ekliptik

Präzessionskegel

5,1°

Lot auf der Mondbahnebene
Lot nach einem Jahr

Mondbahn
nach einem Jahr

Mondbahn

Aufsteigender Knoten

5,1°

Erdbahnebene
(Ekliptik)

S

Erde

20°

Knotenlinie nach
einem Jahr

Knotenlinie

Absteigender Knoten

Abb. 5.3 Die Mondbahnebene ist im Mittel um 5,1° gegen die Ekliptik geneigt und führt um sie eine Taumelbewegung (Präzession) mit einer Periode von 18,61 Jahren aus. Dargestellt ist die Mondbahn zu einem Zeitpunkt (*rot*) und ein Jahr danach (*grün*). Man erkennt die rückläufige Wanderung der Knoten und des Lotes auf der Mondbahnebene von etwa 20° pro Jahr

zwischen zwei aufeinanderfolgenden Sonnenaufgängen an einem bestimmten Punkt auf dem Mond.

5.3 Drehung der Knotenlinie und drakonitischer Monat

Die Mondbahn ist im Mittel um 5,1° gegen die Ekliptik geneigt. Die Schnittpunkte zwischen Erd- und Mondbahn nennt man *aufsteigender* und *absteigender Knoten*, je nachdem, ob der Mond die Ekliptik in Richtung S → N oder N → S kreuzt. Die Mondbahnebene liegt jedoch nicht starr im Raum, sondern führt eine *Taumelbewegung (Kreiselbewegung, Präzession)* mit einer Periode von 18,61 Jahren aus (Abb. 5.3). In dieser Zeit vollführt die *Knotenlinie*, die Verbindungslinie zwischen auf- und absteigendem Knoten, einen Umlauf von 360° entgegen der Umlaufrichtung des Mondes, was einer Rückwärtsdrehung um etwa 20° pro Jahr entspricht. Das Lot auf der Mondbahnebene beschreibt dabei einen Präzessionskegel mit einem halben Öffnungswinkel von 5,1°. Die Spitze des Kegels liegt im Schwerpunkt *S* des Erde-Mond-Systems, und seine Symmetrieachse steht senkrecht zur Ekliptik.

Die Zeitspanne zwischen zwei Durchgängen durch den aufsteigenden Knoten der Bahn heißt *drakonitischer Monat* T_{drak}. Diese Zeit errechnet sich aus dem siderischen Monat und der Präzessionsperiode gemäß

$$\frac{1}{T_{drak}} = \frac{1}{T_{sid}} + \frac{1}{18,61\ a}$$

zu $T_{drak} = 27,21$ Tagen. Er ist geringfügig kürzer als der siderische Monat, da sich die Knotenlinie rückläufig bewegt. (Die Formel folgt aus der Überlegung analog zum vorigen Abschnitt).

Die drakonitische Monatslänge ist wichtig für die Berechnung der Finsternisse (Kap. 10), denn eine Finsternis kann nur eintreten, wenn Voll- oder Neumond sich nahe bei einem Knoten befinden. Der Name drakonitisch rührt von der mythologischen Vorstellung im alten China her, dass bei einer Verfinsterung die Sonne bzw. der Mond von einem Drachen verschlungen wird; daher werden die Mondknoten auch von alters her *Drachenpunkte* genannt.

5.4 Drehung der Apsidenlinie und anomalistischer Monat

Die Apsidenlinie, die Verbindungslinie zwischen Perigäum und Apogäum der Mondbahn, ruht nicht unbewegt im Raum, wie dies bei einer ungestörten Ellipsenbahn der Fall sein müsste. Vielmehr dreht sie sich aufgrund von Bahnstörungen im Mittel rechtläufig um 360° mit einer Periode von 8,85 Jahren. Der *anomalistische Monat* T_{anom} ist die Zeitspanne zwischen zwei Durchgängen des Mondes durch das Perigäum und entspricht somit einem vollen Umlauf auf der Ellipsenbahn. Der Name *anomalistisch* rührt daher, dass in der Astronomie der von der Erde aus gemessene Winkel zwischen Perigäum und Mond als *wahre Anomalie* bezeichnet wird und somit die Bahnkoordinate des Mondes darstellt. Der anomalistische Monat errechnet sich mit der analogen Überlegung wie oben aus

$$\frac{1}{T_{anom}} = \frac{1}{T_{sid}} - \frac{1}{8,85\ a}$$

zu $T_{anom} = 27,55$ Tagen. Die Drehung der Apsidenlinie erfolgt sehr ungleichmäßig, ja sie wechselt sogar periodisch zwischen rechtläufig und rückläufig (Kap. 11), sodass der anomalistische Monat stark schwankt.

Da der Mond sich in Erdnähe schneller bewegt als in Erdferne, spielen diese beiden Zeitpunkte und damit T_{anom} eine wichtige Rolle bei der Berechnung seiner Auf- und Untergangszeiten. Ferner ist der Tidenhub der Meere bei Erdnähe des Mondes höher als bei Erdferne. Eine Sonnenfinsternis schließlich kann total oder ringförmig ausfallen, je nachdem, ob der Mond zu dem Zeitpunkt in Erdnähe oder Erdferne steht.

5.5 Die Mondbahn im Tierkreis und tropischer Monat

Die Sonne durchläuft die zwölf Tierkreissternbilder bzw. Tierkreiszeichen des Tierkreises einmal in einem tropischen Jahr (Abschn. 2.1). Der Mond hingegen durchläuft den Tierkreis einmal in einem *tropischen Monat* T_{trop}. Dies ist die Zeitspanne zwischen zwei Durchgängen des Mondes durch den Stundenkreis des Frühlingspunktes. T_{trop} errechnet sich aus dem siderischen Monat und der Umlaufperiode des Frühlingspunktes:

$$\frac{1}{T_{trop}} = \frac{1}{T_{sid}} + \frac{1}{25.750 \, a}.$$

T_{trop} ist allerdings nur sieben Sekunden kürzer als der siderische Monat, sodass Nicht-Astronomen die beiden Monatslängen getrost gleichsetzen können.

Der Mond durchläuft im Mittel alle $27,32/12 \approx 2,3$ Tage ein Tierkreissternbild bzw. -zeichen. Da bei Neumond der Mond im selben Sternbild steht wie die Sonne, sind die Positionen der beiden Gestirne im Tierkreis verkoppelt. Deshalb überträgt sich der Fehler, den die Astrologie für die Position der Sonne macht, auch auf die astrologischen „Mondkalender".

Die Position der Sonne im Tierkreis (ihre *ekliptikale Länge*) lässt sich nicht ohne Weiteres bestimmen, da diese – außer bei Sonnenfinsternis – die Sterne überblendet. (Man kann sich z. B. damit behelfen, dass man nachts einen Stern aufsucht, der gerade um Mitternacht wahrer Ortszeit den Meridian passiert, und weiß dann, dass die ekliptikale Länge der Sonne gleich der dieses Sterns minus 180° ist.) Der Lauf des Mondes vor den Sternen hingegen lässt sich leicht beobachten, und jeder kann sich davon überzeugen, dass die „Mondkalender" nicht mit der Wirklichkeit übereinstimmen.

5.6 Die Rotation des Mondes

Giovanni Domenico Cassini (1625–1712), ein italienisch-französischer Astronom, war der erste Direktor der von König *Ludwig XIV.* im Jahre 1666 gegründeten Pariser Sternwarte. Er veröffentlichte 1693 die drei *Cassini'schen Gesetze* zur Mondrotation (Keller 1999):

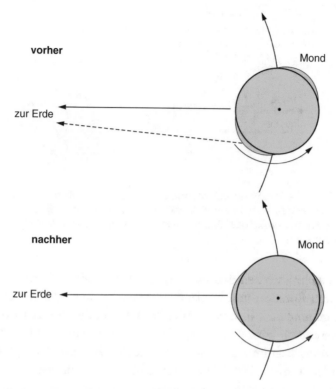

Abb. 5.4 Entstehung der gebundenen Rotation des Mondes

1. Cassini'sches Gesetz: Der Mond rotiert um seine Drehachse gleichmäßig und rechtläufig im gleichen Sinn, wie sein Umlauf um die Erde erfolgt. Seine Rotationsperiode ist gleich seiner siderischen Umlaufzeit um die Erde.

Wegen der Überstimmung von Rotationsperiode und Umlaufzeit bekommen wir von der Erde aus immer nur ein und dieselbe Hälfte der Mondkugel zu Gesicht. Diese Übereinstimmung ist kein Zufall, sondern sie hat sich in der Frühzeit der Mondgeschichte eingeregelt, als der Mond der Erde noch sehr viel näher war. Durch die Gezeitenkraft (Kap. 9) der Erde haben sich auf dem noch zähflüssigen Mond zwei „Flutberge", auf der erdzugewandten und der erdabgewandten Seite, gebildet (Abb. 5.4). Da die Rotation des Mondes zunächst schneller erfolgte als sein Umlauf, drehten sich die Flutberge relativ zur Mondoberfläche, ähnlich dem Durchwalken eines Autoreifens beim Fahren. Der Mond versuchte, die Flutberge mitzudrehen, während die Erdanziehung versuchte, sie festzuhalten. Der Umlauf der Flutberge bedeutete eine ständige Formänderung, die mit Reibungsverlusten verbunden war (Gezeitenreibung). Dadurch wurde die Rotation so lange abgebremst, bis keine Relativ-

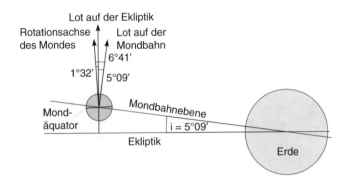

Abb. 5.5 Die Rotationsachse des Mondes, das Lot auf der Ekliptik und das Lot auf der Mondbahn liegen stets in einer Ebene. In der skizzierten Position hat der Mond seine größte Breite nördlich der Ekliptik, sodass man am weitesten über seinen Südpol hinaus blicken kann

bewegung mehr zwischen den Flutbergen und der Mondoberfläche bestand. Damit waren Rotation und Umlaufzeit synchronisiert. Man spricht deshalb von einer gebundenen Rotation. Allerdings war in der Frühzeit die Umlaufperiode wesentlich kürzer als heute. Dass auch heute der viel langsamer umlaufende Mond sich immer noch in gebundener Rotation bewegt, kann nur so verstanden werden, dass die Gezeitenreibung aufgrund der geringen elastischen Verformung des außen längst erstarrten Mondkörpers ausreicht, um die Rotationsperiode immer wieder nachzuregeln.

2. Cassini'sches Gesetz: Die Neigung des Mondäquators zur Ekliptik ist konstant und beträgt 1°32'.
3. Cassini'sches Gesetz: Die Rotationsachse des Mondes, das Lot auf der Ekliptikebene und das Lot auf der Mondbahnebene liegen stets in einer Ebene.

Dies wird in Abb. 5.5 verdeutlicht: Die Neigung der Mondbahn zur Ekliptik beträgt, wie bereits erwähnt, im Mittel $i = 5°09'$. Dabei zählt der 1°32'-Winkel in der Abbildung nach „links", der 5°09'-Winkel nach „rechts"[2]. Dieser erstaunliche Befund bedeutet, dass die Mondachse und die Mondbahnebene mit derselben Periode von 18,61 Jahren präzedieren. Wegen der Lage der drei Achsen in einer Ebene dürfen wir die beiden genannten Winkel addieren und erhalten die Neigung des Mondäquators gegen die Mondbahnebene zu $1°32' + 5°09' = 6°41' \approx 6,7°$. Anders ausgedrückt: Die Mondachse ist stets um 6,7° gegen das Lot auf der Mondbahnebene gekippt.

---

[2] Astronomisch korrekt ausgedrückt: Der aufsteigende Knoten der Mondbahn fällt mit dem absteigenden Knoten des Mondäquators zusammen. Die Knoten sind die Schnittpunkte der Mondbahn bzw. des Mondäquators mit der Ekliptik.

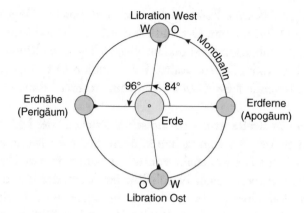

Abb. 5.6 Die Libration in Länge

5.7 Die Libration des Mondes

Bei Beobachtung über einen Monat oder länger sehen wir nicht nur 50 %, sondern bis zu 59 % der Mondoberfläche. Diese Erscheinung, eine kleine scheinbare Verdrehung des Mondkörpers gegen seine mittlere Stellung in Bezug auf die Erde, wird *Libration* genannt (lat. *librare* = schwingen), und man kann sie leicht mit einem Fernglas beobachten. Sie setzt sich im Wesentlichen aus drei Anteilen zusammen (Keller 1999, Wikipedia: Mondbahn):

Die Libration in Länge bedeutet, dass wir einmal mehr von seinem westlichen Rand, dann von seinem östlichen Rand sehen können. Die Libration in Länge ist sozusagen ein „Kopfschütteln" des Mondes.

Wie kommt dieses Phänomen zustande? Der Mond umkreist die Erde mit einer ungleichmäßigen Winkelgeschwindigkeit, die im Perigäum am größten und im Apogäum am kleinsten ist. Auf der ungestörten Ellipsenbahn weicht die Winkelposition des Mondes bis zu ± 6,3° von einem fiktiven, sich gleichförmig bewegenden Mond ab. Berücksichtigt man die Bahnstörungen, so ergeben sich sogar Abweichungen bis zu ± 7,9° gegen die gleichförmige Bewegung. Hingegen erfolgt die Rotation des Mondes mit konstanter Winkelgeschwindigkeit. Die Winkelgeschwindigkeit des Umlaufs ist also einmal größer, einmal kleiner als die der Rotation, sodass der Mondkörper periodisch um den genannten Winkel nach West oder Ost gedreht erscheint. Dies ist in Abb. 5.6 dargestellt. Dort ist die Mondmitte durch eine Spitze markiert, und der Mond ist jeweils nach einer Rotation um 90°, also nach einer viertel Rotationsperiode von 27,32/4 ≈ 6,8 Tagen, skizziert. In der zum Perigäum gehörenden Bahnhälfte legt der Mond einen Winkel von 2 · 96° zurück, in der anderen entsprechend nur 2 · 84°. Die Zeitpunkte der maximalen Verdrehung werden *Libration West* und *Libration Ost* genannt. Folgen wir der astronautischen Definition von Ost und West auf dem Mond (Abschn. 3.2), so sehen wir bei der Libration West den im Westen liegenden Ringwall *Grimaldi* (Abb. 1.10) fern vom „linken" Rand. Bei Libration Ost hingegen erscheint das im Osten liegende *Mare Crisium* fern vom „rechten" Rand.[3]

Die Libration in Breite ist ein periodisches „Nicken" des Mondes, was wir uns anhand der Abb. 5.5 klarmachen können: Steht der Mond nördlich der Ekliptik, so sehen wir etwas mehr von seiner Südhalbkugel. Umgekehrt sehen wir etwas mehr von seiner Nordhalbkugel, wenn der Mond südlich der Ekliptik steht. Die Libration in Breite erreicht Werte bis ± 6,7°. Steht also der Mond in seiner *größten Nordbreite* (bezüglich der Ekliptik), so erscheint uns der Strahlenkrater *Tycho* fern vom unteren Rand, hingegen bei *größter Südbreite* sehen wir das *Mare Frigoris* fern vom oberen Rand.

„Kopfschütteln" und „Nicken" des Mondes geschehen nicht synchron, denn die Libration in Länge wiederholt sich jeden anomalistischen Monat, die Libration in Breite hingegen jeden drakonitischen Monat. Dies führt zu einem interessanten Wechselspiel des Mondanblicks.

Die tägliche oder parallaktische Libration wird durch den unterschiedlichen Blickwinkel verursacht, unter dem man den Mond zum gleichen Zeitpunkt von verschiedenen Orten der Erde aus sehen kann. Sie kann einen maximalen Wert von ± 1°02' erreichen. Der Blickwinkel ändert sich im Laufe des Tages auch für einen Beobachter an ein und demselben Ort, da ihn die Erdrotation in verschiedene Stellungen relativ zum Mond bringt. Bei Mondaufgang sehen wir ein wenig mehr vom „rechten", bei Untergang etwas mehr vom „linken" Mondrand.

Literatur

Keller H-U (Hrsg) (1999) Kosmos Himmelsjahr 2000. Frankh-Kosmos-Verlag, Stuttgart (S. 153, Die Libration des Mondes)

Keller H-U (2008) Kompendium der Astronomie: Zahlen, Daten, Fakten. Frankh-Kosmos-Verlag, Stuttgart

Voigt HH, Röser H-J, Tscharnuter W (Hrsg) (2012) Abriss der Astronomie, 6. Aufl. Wiley-VCH, Weinheim

Wikipedia – Die Freie Enzyklopädie: Mondbahn. Zugegriffen: 10. Okt. 2012

---

[3] Hinweis: Im *Kosmos Himmelsjahr* sind Libration West und Libration Ost nach der astronomischen Orientierung und damit genau umgekehrt definiert wie hier (Keller 1999; Keller 2008).

6

Planetenbahnen

6.1 Die drei Kepler'schen Gesetze

Wie jeder an ein Zentralgestirn gebundene Himmelskörper, so gehorcht auch der Mond beim Umlauf um die Erde den drei Kepler'schen Planetengesetzen. Diese wollen wir in diesem Kapitel behandeln und in Kap. 7 auf den Mond anwenden. *Johannes Kepler* hat die beiden ersten seiner Gesetze im Jahre 1609 und das dritte im Jahre 1619 veröffentlicht. Er hat mit der Auffindung dieser Gesetze eine gar nicht zu überschätzende Großtat vollbracht. Seine Erkenntnis, dass die Planeten sich auf Ellipsenbahnen bewegen, ist zum einen eine geniale Leistung bei der Analyse der von *Tycho de Brahe* gemessenen Planetenörter des Mars. Zum anderen ist sie auch die mutige Abkehr vom antiken Dogma, dass alle Wandelsterne sich auf Kreisbahnen bewegen sollten. Schließlich waren die Kepler'schen Gesetze eine wesentliche Voraussetzung für *Newton*, als er seine Theorie der Mechanik und das Gravitationsgesetz formulierte.

Kepler hat seine drei Gesetze, die er rein empirisch gewonnen hat, geradezu hellseherisch physikalisch völlig richtig formuliert, obwohl ihm sowohl der Begriff der Masse als auch der Kraft noch fehlte. Für theoretisch interessierte Leser ist es ein reizvolles Unterfangen, diese Gesetze aus der Newton'schen Mechanik herzuleiten und damit auf wenige Grundprinzipien zurückzuführen. Dies geschieht in Abschn. 6.3. Allerdings übersteigt die Herleitung des 1. Kepler'schen Gesetzes dort sowie die Dynamik auf der Ellipsenbahn in Abschn. 6.4 die übliche Schulmathematik.

Bei den Kepler'schen Gesetzen wird angenommen, dass die Sonne durch den Umlauf der Planeten nicht mitbewegt wird, was durch ihre relativ zu den Planeten sehr große Masse gerechtfertigt ist: Sonne: 333.000, Jupiter: 318, Erde: 1. Wir nennen dies das *Einkörperproblem*, denn der Planet ist der einzig bewegte Körper.

Beim System Erde–Mond ist wegen des Massenverhältnisses von 81:1 die obige Näherung nicht mehr genau genug. Das Zentralgestirn wird mitbewegt und man spricht dann vom *Zweikörperproblem*.

© Springer-Verlag GmbH Deutschland, ein Teil von Springer Nature 2013
E. Kuphal, *Den Mond neu entdecken*,
https://doi.org/10.1007/978-3-642-37724-2_6

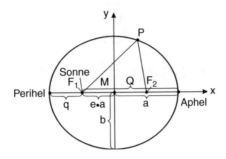

Abb. 6.1 Ellipsenbahn eines Planeten um die Sonne (mit e = 0,5)

Wird ein Zweikörpersystem darüber hinaus noch durch ein drittes Gestirn beeinflusst, wie z. B. das Erde-Mond-System durch die Sonne, dann spricht man vom *Dreikörperproblem*. Die Sonne verursacht die *Bahnstörungen* des Mondes.

Das *1. Kepler'sche Gesetz* lautet: *Die Planeten bewegen sich auf Ellipsenbahnen, in deren einem Brennpunkt die Sonne steht.*

Ein Planet bewegt sich, falls keine weiteren Kräfte außer der Gravitationskraft der Sonne auf ihn wirken, stets auf der gleichen Ellipsenbahn in einer raumfesten Ebene (Abb. 6.1). Dieses Gesetz, wie auch die beiden anderen Kepler'schen Gesetze, gilt nicht nur für den Umlauf der Planeten um die Sonne, sondern für jeden Körper, der an ein Zentralgestirn gebunden ist, z. B. auch für den Umlauf eines künstlichen Satelliten um die Erde.

Das *2. Kepler'sche Gesetz*, der sog. Flächensatz, behandelt die Geschwindigkeit des Planeten längs seiner Bahn und lautet: *Die Verbindungslinie Sonne–Planet überstreicht in gleichen Zeiten gleiche Flächen.*

Dies ist in Abb. 6.2 dargestellt. Als Formel ausgedrückt, ist die *Flächengeschwindigkeit*

$$\frac{dA}{dt} = \frac{1}{2}|\vec{r} \times \vec{v}| = \frac{rv\sin\alpha}{2} = const., \tag{6.1}$$

wobei A die überstrichene Fläche und α der Winkel zwischen dem Radiusvektor $\vec{r}$ und dem Geschwindigkeitsvektor $\vec{v}$ ist. Im Gegensatz zur Kreisbahn ist also die Geschwindigkeit des Planeten auf der Keplerellipse nicht konstant. Am *Perihel* (von griech. *peri helios* = nahe der Sonne) ist seine Bahngeschwindigkeit am größten und am *Aphel* (von griech. *apo helios* = fern der Sonne) am kleinsten.

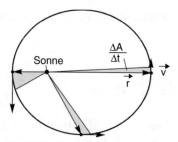

Abb. 6.2 Zum 2. Kepler'schen Gesetz (Flächensatz). Die grau markierten Flächen sind gleich groß

Das *3. Keplersche Gesetz* bringt die Bahnen verschiedener Planeten um die Sonne zueinander in Beziehung. Es lautet: *Die Quadrate der Umlaufzeiten zweier Planeten verhalten sich wie die dritten Potenzen ihrer großen Halbachsen,* also

$$\frac{T_1^{\,2}}{T_2^{\,2}} = \frac{a_1^{\,3}}{a_2^{\,3}} \quad \text{bzw.} \quad \frac{T^2}{a^3} = const., \qquad (6.2)$$

wobei die Indices 1 und 2 für zwei beliebige Planeten stehen.

Alle drei Kepler'schen Gesetze machen Aussagen über die *relativen Abstände* zwischen Sonne und Planeten. Woher erhielt Kepler die Abstände, wo doch Tycho de Brahe nur Planetenörter, aber keine Entfernungen gemessen hatte? Nehmen wir z. B. den Mars: Er steht nach jeweils einer siderischen Umlaufzeit (1,88 Jahre) an der gleichen Stelle im Raum, aber von der sich bewegenden Erde aus gesehen in verschiedenen Richtungen. Aus dem Schnittpunkt der Richtungen konnte Kepler den Abstand Sonne–Mars an mehreren Bahnpunkten *relativ* zum Abstand Sonne–Erde berechnen. Der Abstand Sonne–Erde ist die Bezugsgröße und wird *Astronomische Einheit (AE)* genannt.

Wieso war die Bahn des Mars besonders geeignet zur Auffindung der Kepler'schen Gesetze? Ein Umlauf des Mars findet in einem für Himmelsbeobachter überschaubaren Zeitraum statt, während Jupiter (12 Jahre) und Saturn (29 Jahre) extrem lange Beobachtungszeiten erfordern. Der innerste Planet Merkur erscheint wegen seiner Nähe zur Sonne nur zeitweise und dicht über dem Horizont, weshalb seine Bahn damals nur stückweise messbar war. Die Bahn der Venus ist fast ideal kreisförmig, wohingegen die Marsbahn deutlich exzentrisch ist, sodass es wesentlich einfacher war, die Ellipsenbahnform der Planeten am Mars zu erkennen als bei der Venus. Der Mond schließlich weist Bahnstörungen auf, wie seit der Antike bekannt war, was ihn als Untersuchungskandidaten zu kompliziert erscheinen ließ. Da er außerdem der einzige natürliche Satellit der Erde ist, hätte Kepler daran sein 3. Gesetz, welches für mehrere Satelliten ein und desselben Zentralgestirns gilt, nicht auffinden können.

6.2 Geometrie der Ellipse

In diesem Abschnitt wollen wir uns die grundlegenden Formeln der Ellipse wieder in Erinnerung rufen. Die üblichen geometrischen Bezeichnungen sind in Abb. 6.1 dargestellt. Für jeden Punkt P auf der Ellipse gilt, dass die Summe der Verbindungslinien zu den beiden Brennpunkten F_1 und F_2 konstant ist, also:

$$PF_1 + PF_2 = const = 2a.$$

Es bedeuten a und b die große und kleine Halbachse der Ellipse, und die Ellipsengleichung lautet in der sog. Normalform, d. h. in rechtwinkligen x, y-Koordinaten mit dem Ursprung im Mittelpunkt M:

$$\frac{x^2}{a^2} + \frac{y^2}{b^2} = 1. \tag{6.3}$$

Die Krümmungsradien der Ellipse an ihren vier Scheitelpunkten sind a^2/b bzw. b^2/a. (Dies ist eine nützliche Zeichenhilfe, falls man die Ellipse mit dem Zirkel konstruiert). Je weiter die beiden Brennpunkte voneinander entfernt sind, umso mehr ist die Ellipse abgeplattet. Die Ellipsenform wird nur durch *einen* Parameter, die *numerische Exzentrizität e*, gekennzeichnet; sie ist definiert als der Abstand eines Brennpunktes vom Mittelpunkt M, dividiert durch die große Halbachse.

Die Sonne möge im Brennpunkt F_1 stehen. Q ist der Abstand zwischen F_1 und dem Aphel und q der Abstand zwischen F_1 und dem Perihel. Q und q bedeuten also den größten und kleinsten Abstand des Planeten von der Sonne, auch *Apheldistanz* und *Periheldistanz* genannt. Die Verbindungslinie zwischen Aphel und Perihel heißt *Apsidenlinie*.

Folgende Beziehungen findet man leicht anhand der Abb. 6.1:

$$e = \frac{Q-q}{Q+q} = \frac{Q-a}{a} = \frac{a-q}{a} = \frac{\sqrt{a^2-b^2}}{a},$$

$$Q = a(1+e), \quad q = a(1-e), \quad Q+q = 2a \tag{6.4}$$

$$b/a = \sqrt{1-e^2}, \quad qQ = b^2.$$

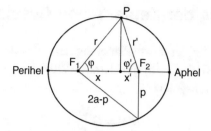

Abb. 6.3 Zur Ellipsengleichung in Polarkoordinaten

Die Ellipsenform und -größe wird durch zwei Parameter bestimmt:

e, a oder *a, b* oder *q, Q.*

In der Astronomie werden die Ellipsenbahnen gewöhnlich durch die Brenn-punktgleichung in *Polarkoordinaten* dargestellt (Abb. 6.3). Es gilt:

$$r = \frac{p}{1 - e\cos\varphi}, \quad r' = \frac{p}{1 - e\cos\varphi'}, \tag{6.5}$$

wobei r der Abstand Sonne–Planet und φ der *Polarwinkel* des Planeten ist. Der Parameter $p \equiv r(\varphi = \pi/2)$ ist der Abstand zwischen einem Brennpunkt und der Ellipse parallel zur kleinen Halbachse, und sein Wert ergibt sich aus dem rechtwinkligen Dreieck $p^2 + (2ea)^2 = (2a - p)^2$ zu

$$p = b^2/a = a(1 - e^2). \tag{6.6}$$

Gleichung (6.5) wird am einfachsten bewiesen, indem man zeigt, dass r und r' die Definition der Ellipse erfüllen, d. h. $r + r' = 2a$. Aus Abb. 6.3 sieht man:

$$\cos\varphi = x/r, \quad \cos\varphi' = x'/r'$$

$$r(1 - e\cos\varphi) = r - ex = p, \quad r'(1 - e\cos\varphi') = r - ex' = p,$$

$$r + r' = 2p + e(x + x') = 2(p + e^2 a) = 2\left(\frac{b^2}{a} + \frac{a^2 - b^2}{a}\right) = 2a,$$

was zu zeigen war.

6.3 Herleitung der Kepler'schen Gesetze

Zur Herleitung der Kepler'schen Planetengesetze aus der Newton'schen Mechanik (Meschede 2010; Grehn und Krause 2007; Sommerfeld 1994) benutzen wir das Gravitationsgesetz

$$|F_G| = G\frac{Mm}{r^2};$$
(6.7a)

hierbei ist $G = 6{,}67 \cdot 10^{-11}$ Nm²/kg² die Gravitationskonstante, M die Masse der Sonne und m die des Planeten. Vektoriell geschrieben lautet das Gravitationsgesetz:

$$\vec{F}_G = -G\frac{Mm}{r^2}\frac{\vec{r}}{r}.$$
(6.7b)

Die Anziehungskraft $\vec{F}_G$ geht durch den festen Mittelpunkt der Sonne, von dem aus $\vec{r}$ gezählt wird. Infolgedessen ist das Kreuzprodukt $\vec{r} \times \vec{F}_G = 0$.

Newtons zweites Gesetz der Mechanik (*lex secunda*), der Impulssatz, lautet: $d\vec{I}/dt = \vec{F}$. In Worten: Die zeitliche Änderung des Impulses $\vec{I} = m\vec{v}$ ist gleich der von außen angreifenden Kraft $\vec{F}$. Ist m konstant, so haben wir die bekannte Beziehung „Kraft ist gleich Masse mal Beschleunigung"

$$\vec{F} = m\dot{\vec{v}} = m\vec{b},$$
(6.8)

wobei $\vec{b}$ die Beschleunigung von m ist. Folglich ist beim Planeten auch $\vec{r} \times \frac{d\vec{I}}{dt} = 0$ und nach Integration über die Zeit

$$\vec{r} \times \vec{I} = m\vec{r} \times \vec{v} = \vec{L} = const.$$
(6.9a)

Der Drehimpuls $\vec{L}$ des Planeten um die Sonne ist konstant und mithin auch die Flächengeschwindigkeit nach Gl. (6.1), die mit dem Drehimpuls durch

$$L = 2m\frac{dA}{dt} = const.$$
(6.9b)

verknüpft ist. Damit ist bereits das 2. Kepler'sche Gesetz, der Flächensatz, bewiesen. Dieser Flächensatz bzw. der ihm äquivalente Satz von der Konstanz des Drehimpulses ist, wie wir gesehen haben, die Folge der *Zentralkraft*, d. h. $\vec{F}_G$ ist parallel zu $\vec{r}$. Als zweite Aussage finden wir, dass die Bahn eben ist, nämlich dass $\vec{r}$ in der Ebene senkrecht zu $\vec{L}$ bleibt.

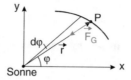

Abb. 6.4 Polarkoordinaten beim Kepler-Problem sowie die vom Radiusvektor über-strichene Fläche

Nach Abb. 6.4 erhalten wir für die vom Radiusvektor überstrichene Fläche

$$dA = \frac{1}{2}r^2 d\varphi, \quad 2\frac{dA}{dt} = r^2\dot{\varphi} = C \tag{6.10}$$

und daher

$$\dot{\varphi} = \frac{C}{r^2}. \tag{6.11}$$

C nennen wir die *Flächenkonstante* vom Betrag der doppelten Flächenge-schwindigkeit.

Um zum 1. Kepler'schen Gesetz, der Bahngleichung, zu kommen, zerlegen wir die Bewegungsgleichung (6.7b) und (6.8) in Koordinaten (Abb. 6.4).

$$m\frac{d\dot{x}}{dt} = -\frac{GmM}{r^2}\cos\varphi, \quad m\frac{d\dot{y}}{dt} = -\frac{GmM}{r^2}\sin\varphi. \tag{6.12}$$

Division durch $m\dot{\varphi}$ und Berücksichtigung von Gl. (6.11) liefert:

$$\frac{d\dot{x}}{d\varphi} = -\frac{GM}{C}\cos\varphi, \quad \frac{d\dot{y}}{d\varphi} = -\frac{GM}{C}\sin\varphi.$$

Dies lässt sich integrieren und gibt mit A und B als Integrationskonstanten:

$$\dot{x} = -\frac{GM}{C}\sin\varphi + A, \quad \dot{y} = \frac{GM}{C}\cos\varphi + B. \tag{6.13}$$

Nun rechnen wir die linken Seiten von (6.13) in Polarkoordinaten um. Wegen

$$x = r \cdot \cos\varphi, \quad y = r \cdot \sin\varphi$$

erhalten wir

$$\dot{x} = \dot{r} \cdot \cos\varphi - r\dot{\varphi} \cdot \sin\varphi = -\frac{GM}{C}\sin\varphi + A,$$

$$\dot{y} = \dot{r} \cdot \sin\varphi + r\dot{\varphi} \cdot \cos\varphi = \frac{GM}{C}\cos\varphi + B.$$

Hier eliminieren wir $\dot{r}$ durch Multiplikation der ersten Gleichung mit $-\sin\varphi$, der zweiten mit $\cos\varphi$ und nachfolgender Addition. Es ergibt sich zunächst

$$r\dot{\varphi} = \frac{GM}{C} - A \cdot \sin\varphi + B \cdot \cos\varphi$$

und unter Verwendung von (6.11):

$$\frac{1}{r} = \frac{GM}{C^2} - \frac{A}{C}\sin\varphi + \frac{B}{C}\cos\varphi. \tag{6.14}$$

Dies ist die Gleichung eines Kegelschnittes in Polarkoordinaten, deren Pol ($r \to 0$) mit einem Brennpunkt des Kegelschnittes zusammenfällt. Wir haben also das 1. Kepler'sche Gesetz: *Die Planeten bewegen sich auf Ellipsenbahnen, in deren einem Brennpunkt die Sonne steht.* Die ebenfalls möglichen Bahntypen von Hyperbel und Parabel kommen offenbar nicht für Planeten infrage, sondern für ungebundene Gestirne, die ins Schwerefeld der Sonne dringen und es wieder verlassen.

Wir wollen diese Gleichung jetzt dahin gehend spezialisieren, dass der Strahl $\varphi = 0$ und der Strahl $\varphi = \pi$ zusammen die Apsidenlinie der Ellipse bilden. Auf dieser Achse liegen der Perihel und der Aphel, in denen r ein Minimum bzw. ein Maximum ist. Daher die Bedingung $dr/d\varphi = 0$ für $\varphi = 0$ und $\varphi = \pi$. Dies verlangt nach Gl. (6.14): $A = 0$.

Setzen wir die numerische Exzentrizität e nach (6.4) ein, so gilt überdies:

$$r(\varphi = 0) = a(1 + e), \quad r(\varphi = \pi) = a(1 - e).$$

Also nach Gl. (6.14)

$$\text{am Perihel:}\ \frac{1}{a(1 - e)} = \frac{GM}{C^2} - \frac{B}{C},$$

$$\text{am Aphel: } \frac{1}{a(1+e)} = \frac{GM}{C^2} + \frac{B}{C}.$$

Daraus ergeben sich durch Addition bzw. Subtraktion:

$$\frac{GM}{C^2} = \frac{1}{a(1-e^2)}, \quad \frac{B}{C} = -\frac{e}{a(1-e^2)}. \tag{6.15}$$

Einsetzen in Gl. (6.14) ergibt die gesuchte Ellipsengleichung

$$r = \frac{a(1-e^2)}{1 - e \cdot \cos\varphi} = \frac{p}{1 - e \cdot \cos\varphi} \tag{6.16}$$

in Übereinstimmung mit (6.5).

Die Exzentrizität einer Ellipse liegt im Bereich $0 < e < 1$. Für $e = 0$ ergibt sich ein Kreis.

Wir drücken noch die Flächenkonstante C durch die Umlaufzeit T aus. Mit (6.10) erhält man durch Zeitintegration über einen Umlauf

$$C = \frac{2A}{T},$$

mit $A = \pi ab = \pi a^2 \sqrt{1-e^2}$ als gesamte Ellipsenfläche. Somit ist

$$C^2 = \frac{4\pi^2 a^4 (1-e^2)}{T^2}. \tag{6.17}$$

Setzen wir dies in die erste Gl. (6.15) ein, so finden wir

$$\frac{T^2}{a^3} = \frac{4\pi^2}{GM}. \tag{6.18}$$

Damit ist das 3. Kepler'sche Gesetz hergeleitet, und wir haben auch die Konstante (die rechte Seite der Gleichung) bestimmt, was für Kepler noch nicht möglich war. Man kann somit aus der großen Halbachse und der Umlaufzeit eines Planeten (bei bekannter Gravitationskonstante) die Masse M der Sonne bestimmen.

Lösen wir noch die erste Gl. (6.15) nach der Flächenkonstante C auf,

$$C = \sqrt{GMa(1-e^2)} = b\sqrt{GM/a}, \tag{6.19}$$

so können wir auch die Konstante im 2. Kepler'schen Gesetz nach den Gl. (6.1) und (6.10) bestimmen:

$$\frac{dA}{dt} = \frac{C}{2} = \frac{b}{2}\sqrt{GM/a} \tag{6.20}$$

sowie den konstanten Bahndrehimpuls des Planeten nach Gl. (6.9b) angeben:

$$L = mb\sqrt{GM/a} = m\sqrt{GMa(1-e^2)}$$
$$= m(GM)^{2/3}\sqrt{1-e^2}(T/2\pi)^{1/3} = 2\pi m \cdot a^2\sqrt{1-e^2}/T. \tag{6.21a}$$

Wir sehen, dass der Drehimpuls proportional zu $a^{1/2}$ bzw. $T^{1/3}$ ist.

Zusammenfassung Die Kepler'schen Gesetze konnten unter Verwendung des Newton'schen Impulssatzes (Bewegungsgleichung) und zweier Annahmen hergeleitet werden, nämlich dass die Gravitationskraft zwischen Sonne und Planeten eine Zentralkraft und proportional zu $1/r^2$ ist[1].

Alle drei Kepler'schen Gesetze sind unabhängig von der Planetenmasse. So könnte z. B. ein Kieselstein dieselbe Umlaufbahn haben wie die Erde. Welche Ellipsenbahn ein Planet einnimmt, hängt allein von den *Anfangsbedingungen* ab, d. h. mit welchem Abstand von der Sonne und mit welcher Geschwindigkeit nach Betrag und Richtung er einstmals „gestartet" ist.

6.4 Dynamik auf der Ellipsenbahn

Der über die Zeit bzw. über den Polarwinkel gemittelte Abstand des Planeten vom Brennpunkt auf der Kepler-Ellipse ist für kleine Werte von e näherungsweise gleich der großen Halbachse (Menzel 1955):

$$\bar{r}_t \approx a(1 + e^2/2), \quad \bar{r}_\varphi \approx a(1 - e^2/2). \tag{6.21b}$$

Als Nächstes wollen wir ermitteln, wie Geschwindigkeit, Winkelgeschwindigkeit, Energie, Schwerkraft und Zentrifugalkraft auf einer Ellipsenbahn als Funktion des Polarwinkels φ variieren.

---

[1] Newton ist den umgekehrten Weg gegangen: Er zeigte in seinem 1687 erschienenen Hauptwerk *Philosophiae Naturalis Principia Mathematica* (kurz *Prinzipien* genannt), dass aus dem 1. Kepler'schen Gesetz folgt, dass die Anziehungskraft dem Quadrat des Abstands vom Anziehungszentrum umgekehrt proportional sein muss. Aus dem reziprok quadratischen Abstandsgesetz ergab sich dann auch das 3. Kepler'sche Gesetz. – Von dem hier gezeigten Beweis, dass eine quadratisch mit dem Abstand abnehmende Zentralkraft stets auf Kegelschnitte führt und nicht auch auf andere Bahnformen, behauptete Newton, dass dem so sei. Er hat den Beweis in seinen *Prinzipien* jedoch nur angedeutet und nicht wirklich ausgeführt.

Die Geschwindigkeit v des Planeten erhalten wir aus den Geschwindigkeitskomponenten, Gl. (6.13), zu

$$v^2 = \dot{x}^2 + \dot{y}^2 = \left(\frac{GM}{C}\sin\varphi\right)^2 + \left(\frac{GM}{C}\cos\varphi + B\right)^2.$$

Substitution von C, B und $\cos\varphi$ durch die Gl. (6.19), (6.15) und (6.16) liefert nach länglicher, aber einfacher Umformung

$$v = \sqrt{GM\left(\frac{2}{r} - \frac{1}{a}\right)}. \tag{6.22}$$

Die *mittlere Geschwindigkeit* ergibt sich aus $\bar{v} = U/T$, wobei der Umfang U einer Ellipse

$$U \approx \pi\left[\frac{3}{2}(a+b) - \sqrt{ab}\right] \approx 2\pi a\left(1 - \frac{e^2}{4}\right)$$

ist. Mit T aus Gl. (6.18) wird

$$\bar{v} \approx \sqrt{\frac{GM}{a}}\left(1 - \frac{e^2}{4}\right). \tag{6.23a}$$

Da in unserem Sonnensystem der Planet mit der stärksten Exzentrizität der Merkur mit $e = 0{,}20$ ist, wird die mittlere Geschwindigkeit nur um maximal 1 % ungenau, wenn wir die Kreisbahnnäherung

$$\bar{v} \approx \sqrt{\frac{GM}{a}} = \frac{2\pi a}{T} \tag{6.23b}$$

verwenden. Wir sehen: Je weiter ein Planet entfernt ist, umso langsamer bewegt er sich. Beziehen wir nun die Geschwindigkeit v auf diesen Mittelwert, so wird

$$\frac{v}{\bar{v}} \approx \sqrt{\frac{2a}{r} - 1} = \sqrt{\frac{2}{1-e^2}(1 - e\cos\varphi) - 1}. \tag{6.24}$$

Speziell gilt am Aphel ($\varphi = 0°$):

$$\frac{v}{\bar{v}} = \sqrt{\frac{1-e}{1+e}} = \sqrt{\frac{q}{Q}}$$

und am Perihel ($\varphi = 180°$):

$$\frac{v}{\bar{v}} = \sqrt{\frac{1+e}{1-e}} = \sqrt{\frac{Q}{q}}. \tag{6.25}$$

Die Winkelgeschwindigkeit Wichtiger als die Bahngeschwindigkeit ist die Winkelgeschwindigkeit $\dot{\varphi} \equiv d\varphi/dt$, die Änderung des Polarwinkels pro Zeiteinheit, weil zu ihrer Messung keine Entfernungs-, sondern nur eine Winkelbestimmung erforderlich ist. Sie folgt aus den Gl. (6.11), (6.16) und (6.19) zu

$$\dot{\varphi} = \frac{b}{r^2}\sqrt{\frac{GM}{a}} = \frac{1}{a}\sqrt{\frac{GM}{a}}\frac{(1 - e \cdot \cos\varphi)^2}{(1 - e^2)^{3/2}}. \tag{6.26}$$

Der Mittelwert von $\dot{\varphi}$ ist etwa

$$\bar{\dot{\varphi}} \approx \frac{\bar{v}}{a} \approx \frac{1}{a}\sqrt{\frac{GM}{a}} = \frac{2\pi}{T}.$$

Somit lautet die auf ihren Mittelwert bezogene Winkelgeschwindigkeit

$$\frac{\dot{\varphi}}{\bar{\dot{\varphi}}} \approx \frac{ab}{r^2} = \frac{(1 - e\cos\varphi)^2}{(1 - e^2)^{3/2}}. \tag{6.27}$$

Die Variation von $\dot{\varphi}$ längs der Bahn ist größer als die von v, wie man an den Extrempunkten erkennt:

Am Aphel gilt:

$$\frac{\dot{\varphi}}{\bar{\dot{\varphi}}} = \frac{\sqrt{1 - e^2}}{(1 + e)^2}$$

und am Perihel:

$$\frac{\dot{\varphi}}{\overline{\dot{\varphi}}} = \frac{\sqrt{1-e^2}}{(1-e)^2}. \tag{6.28}$$

Die Energie Neben dem Drehimpuls ist auch die Gesamtenergie $E = E_{kin} + E_{pot}$ des Planeten längs seiner Bahn konstant. Seine kinetische Energie ist

$$E_{kin} = \frac{m}{2}v^2 \tag{6.29}$$

und seine potenzielle Energie

$$E_{pot} = -\int_{r}^{\infty} F_G dr = -G\frac{Mm}{r}. \tag{6.30}$$

Die potenzielle Energie ist stets negativ und geht bei $r \to \infty$, wo die Kraftwirkung des Zentralgestirns verschwindet, gegen null. Die Gesamtenergie schreibt sich also

$$E = \frac{m}{2}v^2 - G\frac{Mm}{r} = const. \tag{6.31}$$

Um die Konstante zu berechnen, genügt es, v an einem einzigen Bahnpunkt zu bestimmen, z. B. bei $r = a$. Mit Gl. (6.22) wird an diesem Punkt $v = \sqrt{GM/a}$. Einsetzen in (6.31) liefert

$$E = \frac{m}{2}\frac{GM}{a} - G\frac{Mm}{a} = -G\frac{Mm}{2a},$$

sodass wir als Gesamtenergie

$$E = \frac{m}{2}v^2 - G\frac{Mm}{r} = -G\frac{Mm}{2a} \tag{6.32}$$

erhalten. Die Gesamtenergie des Planeten auf einer Ellipsenbahn hängt nur von der großen Halbachse (und nicht von der Exzentrizität!) ab, und sie ist

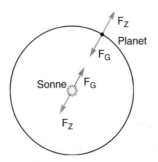

Abb. 6.5 Gleichgewicht von Schwerkraft und Zentrifugalkraft auf einer kreisförmigen Planetenbahn. Nach dem Newton'schen *actio-gleich-reactio*-Prinzip zieht der Planet die Sonne mit der gleichen Kraft an wie die Sonne den Planeten

genau halb so groß wie die potenzielle Energie im Abstand $r = a$. Der Wert von E ist stets negativ.

Schwerkraft und Zentrifugalkraft Der Planet wird auf seiner Bahn um die Sonne durch das dynamische Gleichgewicht zwischen Schwerkraft F_G und Zentrifugalkraft F_Z gehalten. Betrachten wir zunächst den einfachen Fall einer **Kreisbahn** vom Radius r, wo F_G und F_Z immer konstant und entgegengesetzt gleich sind (Abb. 6.5). Die Zentrifugalkraft hat hier die bekannte Form

$$F_Z = mr\dot{\varphi}^2 \tag{6.33a}$$

und wegen $v = r\dot{\varphi}$ auch

$$F_Z = mv^2/r. \tag{6.33b}$$

Durch Gleichsetzen von $F_G = F_Z$ können wir das 3. Kepler'sche Gesetz leicht ableiten:

$$mr\dot{\varphi}^2 = G\frac{Mm}{r^2}. \tag{6.33c}$$

Substitution von $\dot{\varphi}$ durch die Umlaufzeit $T = 2\pi/\dot{\varphi}$ ergibt

$$\frac{T^2}{r^3} = \frac{4\pi^2}{GM} \tag{6.34}$$

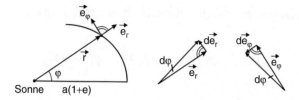

Abb. 6.6   Zur Kinematik einer krummlinigen Bewegung

in Übereinstimmung mit Gl. (6.18). Umgekehrt folgt aus dem 3. Kepler'schen Gesetz im Falle der Kreisbahn unmittelbar die r^{-2}-Abhängigkeit der Schwerkraft[2].

Auf einer **Ellipsenbahn** sind F_G und F_Z im Gegensatz zur Kreisbahn jedoch nur im Mittel gleich groß, nicht aber an jedem Bahnpunkt. Um hier die Zentrifugalkraft herzuleiten, ist es zweckmäßig, die Kinematik einer *krummlinigen* Bewegung in Polarkoordinaten zu betrachten (Marguerre 1968). Dazu führen wir die beiden Einheitsvektoren $\vec{e}_r$ und $\vec{e}_\varphi$ im Sinne der Abb. 6.6 ein. Diese ändern mit φ ihre Richtung:

$$\dot{\vec{e}}_r \neq 0, \quad \dot{\vec{e}}_\varphi \neq 0.$$

Aus Abb. 6.6 findet man:

$$d\vec{e}_r = \vec{e}_\varphi d\varphi, \quad d\vec{e}_\varphi = -\vec{e}_r d\varphi;$$

d. h. es gilt

$$\dot{\vec{e}}_r = \vec{e}_\varphi \dot{\varphi}, \quad \dot{\vec{e}}_\varphi = -\vec{e}_r \dot{\varphi}. \tag{6.35}$$

Die Bewegung des Punktes wird beschrieben durch $\vec{r}(t) = r\vec{e}_r$.
Daraus folgt mit (6.35)

$$\vec{v} \equiv \dot{\vec{r}} = (r\vec{e}_r)^{\bullet} = \dot{r}\vec{e}_r + r\dot{\vec{e}}_r = \dot{r}\vec{e}_r + r\dot{\varphi}\vec{e}_\varphi. \tag{6.36}$$

---

[2] Rückblickend auf die Zeit von 1665 bis 1666, schrieb Newton etwa 50 Jahre später: „Ausgehend von Keplers Regel, nach der sich die Umlaufzeiten der Planeten verhalten wie die 1,5te Potenz ihrer Abstände vom Zentrum ihrer Bahn, leitete ich ab, dass die Kräfte, welche die Planeten auf ihrer Umlaufbahn halten, sich umgekehrt proportional zum Quadrat des Abstandes vom Zentrum, um das sie umlaufen, verhalten."

Weiterhin gelangen wir durch Differenziation zur Beschleunigung:

$$\vec{b} \equiv \dot{\vec{v}} = \ddot{r}\vec{e}_r + \dot{r}\dot{\vec{e}}_r + \dot{r}\dot{\varphi}\vec{e}_\varphi + r\ddot{\varphi}\vec{e}_\varphi + r\dot{\varphi}\dot{\vec{e}}_\varphi,$$

mit den $\vec{e}$ -Formeln also:

$$\vec{b} = (\ddot{r} - r\dot{\varphi}^2)\vec{e}_r + (r\ddot{\varphi} + 2\dot{r}\dot{\varphi})\vec{e}_\varphi; \qquad (6.37)$$

d. h., die Beschleunigung hat eine Radialkomponente:

$$b_r = \ddot{r} - r\dot{\varphi}^2 \qquad (6.38)$$

und eine Zirkularkomponente:

$$b_\varphi = r\ddot{\varphi} + 2\dot{r}\dot{\varphi}. \qquad (6.39)$$

(Nebenbei: Aus der Zirkularkomponente können wir wiederum das 2. Kepler'sche Gesetz ableiten: Die Forderung einer Zentralkraft bedeutet nämlich, dass $b_\varphi = 0$. Da man für b_φ schreiben kann:

$$b_\varphi = \frac{1}{r}\frac{d}{dt}(r^2\dot{\varphi}),$$

so bedeutet $b_\varphi = 0$, dass $r^2\dot{\varphi} = const. = C$. Dies ist wieder die Flächenkonstante in Übereinstimmung mit Gl. (6.10).)

Aus der Radialkomponente b_r ergibt sich die Bilanz der auf die Masse m radial nach außen wirkenden Kräfte:

$$m\ddot{r} = mb_r + mr\dot{\varphi}^2 = F_G + F_Z. \qquad (6.40)$$

Die Gravitationskraft ist nach den Gl. (6.7) und (6.16)

$$F_G(\varphi) = -G\frac{Mm}{r^2} = -G\frac{Mm}{a^2}\frac{(1 - e\cos\varphi)^2}{(1 - e^2)^2} \qquad (6.41)$$

und die Zentrifugalkraft unter Verwendung von (6.40), (6.11), (6.16) und (6.19)

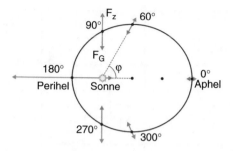

Abb. 6.7 Schwerkraft F_G (rot) und Zentrifugalkraft F_Z (grün) auf einer Ellipsenbahn mit $e=0{,}5$ für einige Werte des Polarwinkels φ.

$$F_Z(\varphi) = mr\dot{\varphi}^2 = m\frac{C^2}{r^3} = G\frac{Mmp}{r^3} = G\frac{Mm}{a^2}\frac{(1 - e\cos\varphi)^3}{(1 - e^2)^2}. \qquad (6.42)$$

F_Z auf der Ellipse hat also dieselbe Form wie auf der Kreisbahn (6.33a), was aber nicht selbstverständlich war. Hingegen gilt auf der Ellipse nicht (6.33b), da $\vec{v}$ nicht mehr senkrecht auf $\vec{r}$ steht.

Das Verhältnis von Zentrifugal- zu Schwerkraft ist

$$|F_Z/F_G| = p/r = 1 - e\cos\varphi. \qquad (6.43)$$

Speziell gilt am Aphel $|F_Z/F_G| = 1 - e$ und am Perihel $|F_Z/F_G| = 1 + e$.

Abbildung 6.7 zeigt die Vektoren der Schwerkraft und Zentrifugalkraft längs einer Ellipsenbahn mit $e=0{,}5$. Die Richtungen von F_G und F_Z sind immer antiparallel.

In Abb. 6.8 sind die Beträge von r, v, $\dot{\varphi}$, F_G und F_Z als Funktion des Polarwinkels auf einer Ellipse mit ebenfalls $e=0{,}5$ dargestellt. Das Bild veranschaulicht das Wechselspiel zwischen Schwerkraft und Zentrifugalkraft: Ausgehend vom Aphel, wo seine Bahngeschwindigkeit am kleinsten ist, bewegt sich der Planet auf der Ellipse zur Sonne hin. Dabei nimmt die Geschwindigkeit zu. Schließlich überwiegt die entstehende Zentrifugalkraft die Sonnenanziehung, und der Planet bewegt sich ab dem Perihel wieder von der Sonne weg, bis wieder die Sonnenanziehung durch die sich jetzt verringernde Bahngeschwindigkeit die Oberhand gewinnt.

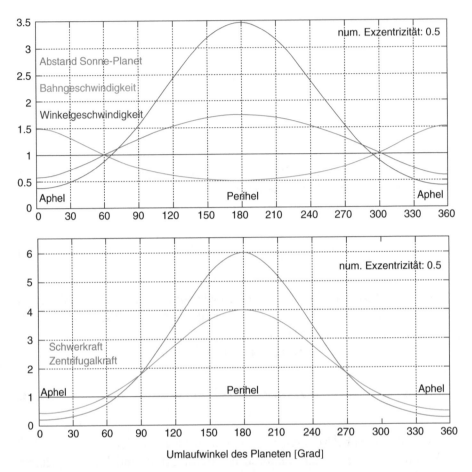

Abb. 6.8 Dynamik auf einer Ellipsenbahn mit $e = 0{,}5$. *Oben:* Der Abstand r, die Bahngeschwindigkeit v und die Winkelgeschwindigkeit $\dot\varphi$ sind auf ihre Mittelwerte bezogen. *Unten:* Die Schwerkraft und Zentrifugalkraft sind auf GMm/a^2 normiert

6.5 Das mitbewegte Zentralgestirn (Zweikörperproblem)

In manchen Fällen ist die Masse des Satelliten nicht vernachlässigbar klein gegen die Masse des Zentralgestirns, wie es in den ursprünglichen Kepler'schen Gesetzen vorausgesetzt wird. Nehmen wir gleich das Beispiel des Erde-Mond-Systems, wo $m_E/m_M = 81{,}3$ gilt (m_E = Erdmasse, m_M = Mondmasse): Der Mond bewegt sich nicht um den Mittelpunkt der unbewegten Erde, sondern Mond und Erde drehen sich einmal im Monat um den gemeinsamen Schwerpunkt S. Wie in Abb. 6.9 dargestellt, ergibt sich sein mitt-

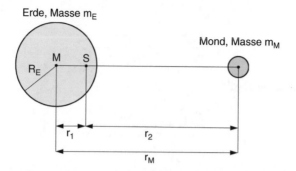

Abb. 6.9 Gemeinsamer Schwerpunkt S von Erde und Mond

lerer Abstand vom Erdmittelpunkt nach dem Schwerpunktsatz $m_E r_1 = m_M r_2$
sowie $r_1 + r_2 = r_M = 384.400$ km zu

$$r_1 = r_M / (1 + (m_E/m_M)) = 4671 \text{ km}. \tag{6.44a}$$

Bezogen auf den mittleren Erdradius $R_E = 6371$ km gilt $r_1/R_E = 0{,}733$. Der
Schwerpunkt liegt also im Erdinneren. Der mittlere Abstand des Mondes
vom Schwerpunkt ist

$$r_2 = r_M - r_1 = r_M / (1 + (m_M/m_E)) = 379.729 \text{ km}. \tag{6.44b}$$

Erde und Mond umlaufen den gemeinsamen Schwerpunkt auf genau form-
gleichen Ellipsen, deren Größe sich nur um das Verhältnis Mondmasse zu
Erdmasse unterscheidet.

Beim Zweikörperproblem ändern sich das 1. und 2. Kepler'sche Gesetz
insoweit, als im Brennpunkt der Ellipse nicht mehr der Mittelpunkt des Zentralgestirns, sondern der gemeinsame Schwerpunkt liegt.

Das 3. Kepler'sche Gesetz ändert sich ebenfalls: Mit den Bezeichnungen
des Erde-Mond-Systems lautet der Ansatz Zentrifugalkraft gleich Gravitationskraft (in Kreisbahnnäherung)

$$m_M r_2 \dot{\varphi}^2 = G \frac{m_E m_M}{r_M{}^2}$$

(vgl. Gl. 6.33c). Der Mond dreht sich um den gemeinsamen Schwerpunkt
im Abstand r_2, wohingegen die Gravitationskraft zwischen Erdschwerpunkt
und Mondschwerpunkt im Abstand r_M wirkt. Mit r_2 aus (6.44b) und
$\dot{\varphi} = 2\pi/T_{sid}$ wird aus obiger Gleichung

$$\frac{T_{sid}^{2}}{r_M^{3}} = \frac{4\pi^2}{G(m_E + m_M)}.$$

Auf der Ellipsenbahn gilt

$$\frac{T_{sid}^{2}}{a^{3}} = \frac{4\pi^2}{G(m_E + m_M)}. \tag{6.45}$$

Für einen Umlauf eines Planeten der Masse m um die Sonne gilt entsprechend

$$\frac{T_{sid}^{2}}{a^{3}} = \frac{4\pi^2}{G(M + m)}. \tag{6.46}$$

Statt der Sonnenmasse M in Gl. (6.18) haben wir nunmehr im korrekten 3. Kepler'schen Gesetz den Faktor $(M + m)$.

Für das Verhältnis der Umläufe zweier Planeten um die Sonne ergibt sich mit obigem Ansatz

$$\frac{a_1^{3}}{a_2^{3}} = \frac{T_1^{2}(M + m_1)}{T_2^{2}(M + m_2)}$$

anstatt (6.2).

Literatur

Grehn J, Krause J (Hrsg) (2007) Metzler Physik, 4. Aufl. Schroedel, Braunschweig

Marguerre K (1968) Technische Mechanik. Dritter Teil. Heidelberger Taschenbücher. Springer, Heidelberg

Menzel DH (1955) Fundamental formulas of physics, Bd II. Dover Publications, New York

Meschede D (Hrsg) (2010) Gerthsen Physik, 24. Aufl. Springer, Heidelberg

Sommerfeld A (1994) Vorlesungen über Theoretische Physik, Bd. 1: Mechanik. Verlag Harri Deutsch, Frankfurt

7

Die Ellipsenbahn des Mondes um die Erde und um die Sonne

7.1 Die Mondbahn um die Erde als Kepler-Ellipse

Die geozentrische Bahn des Mondes um die Erde (also Mondmittelpunkt um Erdmittelpunkt) ist näherungsweise eine Kepler-Ellipse mit einer mittleren großen Halbachse $a=383.400$ km und einer mittleren numerischen Exzentrizität $e=0,055$. Mit diesen Werten und dem 1. Kepler'schen Gesetz nach Gl. (6.16) ergibt sich die in Abb. 7.1 dargestellte Bahnellipse. Der zeitlich gemittelte Abstand beträgt $r_M=384.400$ km und ist damit nur unwesentlich größer als die große Halbachse (siehe auch Gl. 6.21b). Mit bloßem Auge ist diese mittlere Ellipse nicht von einem Kreis zu unterscheiden, denn die relative Differenz $(a-b)/a$ zwischen der großen und kleinen Halbachse beträgt nur 1,5 ‰. Die Mondbahn ist also keine abgeplattete Ellipse, wie man häufig in Darstellungen findet, sondern in guter Näherung eine *exzentrische Kreisbahn*! Somit war die Darstellung der Mondbahn in der antiken Epizykeltheorie durch Kreise durchaus zweckmäßig, denn der exzentrische Trägerkreis (Deferent) beschrieb die Bahnform bereits im Wesentlichen richtig.

Auf der ungestörten Ellipse wäre nach Gl. (6.4) der Perigäumsabstand $q=a(1-e)=362.300$ km und der Apogäumsabstand $Q=a(1+e)=404.500$ km. Wegen der Bahnstörungen (Abschn. 11.3) variiert die Exzentrizität allerdings stark, sodass auch die Apsidenabstände erheblich schwanken, wie Tab. 7.1 zeigt.

Abbildung 7.2 zeigt den Abstand von der Erde, die Bahngeschwindigkeit, die Winkelgeschwindigkeit sowie die Schwerkraft und die Zentrifugalkraft auf der Mondbahn als Funktion des Polarwinkels φ analog zu Abb. 6.8. Die Bahngeschwindigkeit, deren Mittelwert 1,02 km/s beträgt, variiert im Laufe eines Monats nach Gl. (6.25) um ±5,6 %, also etwa um den Wert von e. Der Abstand schwankt gemäß dem 2. Kepler'schen Gesetz um den gleichen Betrag. Die Winkelgeschwindigkeit, deren Mittelwert 13,2° pro Tag beträgt, variiert nach Gl. (6.28) hingegen etwa doppelt so stark.

Die Winkelposition $\varphi(t)$ des Mondes im Laufe eines anomalistischen Monats wurde durch numerische Integration ermittelt und ist in Abb. 7.3 zu-

© Springer-Verlag GmbH Deutschland, ein Teil von Springer Nature 2013
E. Kuphal, *Den Mond neu entdecken*,
https://doi.org/10.1007/978-3-642-37724-2_7

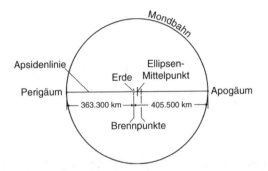

Abb. 7.1 Die Mondbahn als Kepler-Ellipse. Die Form der Mondbahn und die Größe der Erde sind maßstäblich gezeichnet. Der als ruhend gedachte Erdmittelpunkt liegt im einen Brennpunkt der Bahnellipse. Dargestellt ist somit die kombinierte Bewegung des Mondes um den Schwerpunkt S des Erde-Mond-Systems und die Bewegung der Erde um S. Der Punkt S umkreist hier den Erdmittelpunkt

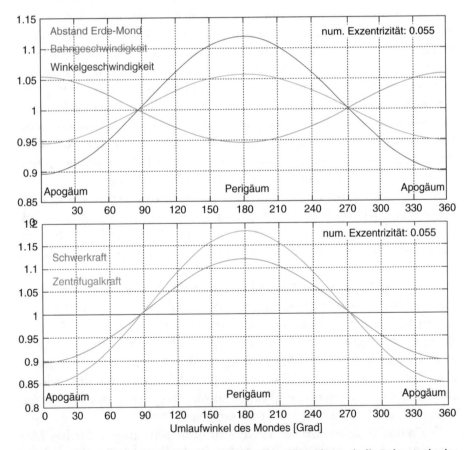

Abb. 7.2 Dynamik der Mondbahn ($e=0{,}055$). *Oben:* Der Abstand, die Bahngeschwindigkeit und die Winkelgeschwindigkeit sind auf ihre Mittelwerte bezogen. *Unten:* Die Schwerkraft und Zentrifugalkraft sind auf GMm/a^2 normiert

Tab. 7.1 Extreme Mondabstände

	Perigäumsabstand (km)	Apogäumsabstand (km)
kleinster	356.400	404.000
mittlerer	363.300	405.500
größter	370.300	406.700

sammen mit der *mittleren Mondposition* (Kreisbahnnäherung) wiedergegeben. Dazu wurde die Umlaufzeit in n gleiche Zeitintervalle $\Delta t = T/n$ geteilt, dann für $\varphi = t = 0$ die Winkelgeschwindigkeit $\dot\varphi(\varphi=0)$ nach Gl. (6.27) berechnet; dies ergab den neuen Winkel $\varphi(\Delta t) = \dot\varphi(0)\Delta t$. Für diesen Punkt wurde das neue $\dot\varphi$ berechnet und daraus ergab sich $\varphi(2\Delta t)$ usw.

Dieser Unterschied zwischen wahrer und mittlerer Mondposition war schon in der Antike als *Große* oder *Erste Ungleichheit* bekannt. Er wird auch *Mittelpunktsgleichung* genannt und folgt aus dem 2. Kepler'schen Gesetz. Gemäß der Abb. 7.3 beträgt die maximale Winkelabweichung $\Delta\varphi_{max} = \pm 6{,}3°$.

Die Mittelpunktsgleichung lässt sich anstatt durch die gezeigte numerische Integration auch als Reihenentwicklung darstellen (Wikipedia: Mondbahn):

$$\Delta\varphi = [2e \cdot \sin(2\pi \cdot t/T_{anom}) + \frac{5}{4}e^2 \cdot \sin(4\pi \cdot t/T_{anom}) + \dots]\frac{180°}{\pi}$$
$$\approx 6{,}29° \cdot \sin(2\pi \cdot t/T_{anom}). \tag{7.1}$$

Sie hängt nur von der Exzentrizität e ab und zählt nicht zu den Bahnstörungen.

7.2 Die Mondbahn relativ zur Sonne (heliozentrische Bahn)

Die Bewegung eines Körpers stellt sich je nach Bezugssystem unterschiedlich dar. Im Bezugssystem der ruhenden Erde beschreibt der Mond eine Ellipsenbahn um die Erde. Ein auf die Ekliptikebene schauender entfernter Beobachter im Bezugssystem der ruhenden Sonne sieht die Bewegung des Mondes jedoch als ein Hin- und Herpendeln um die Erdbahn (Abb. 7.4 oben). Die Bahngeschwindigkeit des Mondes um die Sonne ergibt sich aus der vektoriellen Addition der Bahngeschwindigkeiten der Erde um die Sonne (29,8 km/s) und des Mondes um die Erde (1,02 km/s).

Der Mond beschreibt dabei keineswegs, wie man annehmen könnte, eine Schleifenbahn oder eine Wellenbahn (Abb. 7.4 Mitte), sondern seine Bahn ist vielmehr an jedem Punkt zur Sonne hin gekrümmt, sie ist stets konkav zur Sonne (von lat. *cavea* = Höhlung). Diese Bahnform des Erdmondes ist einmalig im Sonnensystem! Der Grund dafür ist der dominierende Gravita-

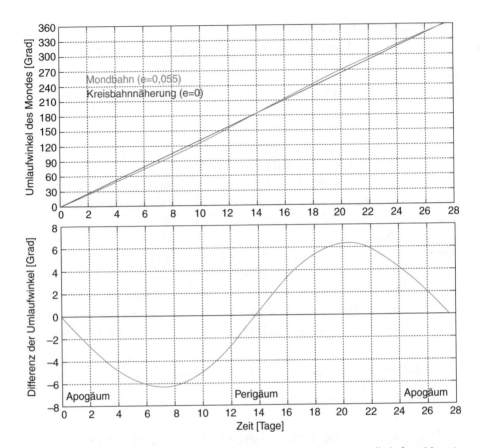

Abb. 7.3 *Oben:* Winkelposition φ des Mondes im Laufe eines anomalistischen Monats nach dem 2. Kepler'schen Gesetz im Vergleich zum „mittleren" Mond. *Unten:* Differenz der beiden Kurven aus dem oberen Bild = Große Ungleichheit

tionseinfluss der Sonne: Die Beschleunigung b_S des Mondes durch die Sonne ist nämlich doppelt so groß wie die Beschleunigung b_E des Mondes durch die Erde. Es gilt $b_S = Gm_S/r_S^2$ und $b_E = Gm_E/r_M^2$ (mit G = Gravitationskonstante, m_S = Sonnenmasse, r_S = Abstand Sonne–Erde ≈ Abstand Sonne–Mond, m_E = Erdmasse, r_M = Abstand Erde–Mond). Mit dem Massenverhältnis $m_S/m_E = 333.000$ und dem Abstandsverhältnis $r_S/r_M = 389$ folgt $b_S/b_E = 2{,}2$. Somit „fällt" der Mond stets in Richtung Sonne, und folglich ist die Mondbahn stets zur Sonne hin gekrümmt. Die Krümmung wechselt nie ihr Vorzeichen. Bei Vollmond addieren sich die Beschleunigungen von Sonne und Erde, bei Neumond subtrahieren sie sich, weshalb im ersteren Fall die Mondbahn am stärksten und im letzteren Fall am schwächsten gekrümmt ist.

Bei genauerer Betrachtung bewegt sich nicht der Erdmittelpunkt auf einer Ellipsenbahn um die Sonne, sondern der gemeinsame Schwerpunkt S von Erde und Mond (Abb. 7.4 unten). Die Bahn von S definiert die Ekliptik. Der

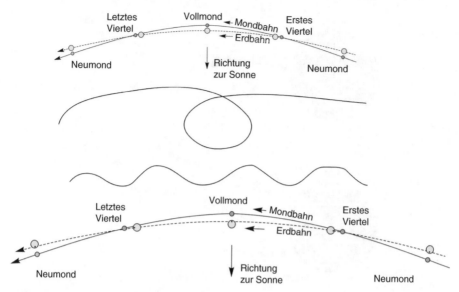

Abb. 7.4 *Oben*: Erd- und Mondbahn relativ zur Sonne (nicht maßstäblich!). Der Mond beschreibt eine ungefähre Ellipsenbahn um die Sonne, fast genau wie die Erde. *Mitte:* Der Mond beschreibt weder eine Schleifenbahn noch eine Wellenbahn. *Unten:* Genauere Betrachtung: Der gemeinsame Schwerpunkt von Erde und Mond beschreibt eine Ellipsenbahn um die Sonne

Schwerpunkt *S* liegt um drei Viertel des Erdradius vom Erdmittelpunkt in Richtung Mond entfernt. Die Erde beschreibt eine genau gleiche Ellipsenbahn um *S* wie der Mond, nur um das Verhältnis Erd-zu-Mondmasse verkleinert. Bezogen auf die Bewegung von *S* auf der Ekliptik eilt die Erde langsamer und der Mond schneller voran, wenn sich der Mond zwischen dem ersten und letzten Viertel befindet, und das Umgekehrte gilt, wenn der Mond sich zwischen dem letzten und ersten Viertel befindet. Ferner, da die Mondbahnebene um etwa 5° gegen die Ekliptik geneigt ist, bewegen sich Erde und Mond mit der Periode eines drakonitischen Monats mal über, mal unter der Ekliptik. Von der Erde aus betrachtet erscheinen diese Schwingungen als entsprechende Bewegungen der scheinbaren Sonnenbahn.

7.3 Parallaxe und Messung der Monddistanz

Die parallaktische Verschiebung ist der allseits bekannte Effekt, dass ein Objekt gegenüber einem weiter entfernten Objekt verschoben erscheint, wenn man es von zwei Orten aus betrachtet. So erfährt jedes nicht allzu weit entfernte Gestirn eine parallaktische Verschiebung gegenüber dem fernen Sternenhintergrund. Die Verschiebung an der Himmelskugel ist dabei gleich dem

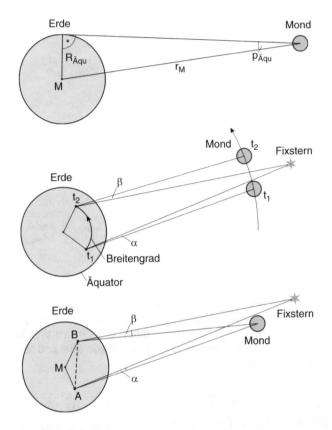

Abb. 7.5   *Oben:* Äquatorial-Horizontalparallaxe des Mondes. *Mitte:* Messung der täglichen Parallaxe des Mondes. *Unten:* Trigonometrische Bestimmung der Mondparallaxe

Winkel, unter dem vom Gestirn aus gesehen die Verbindungslinie der beiden Beobachtungsorte, die *Basis*, bei senkrechter Draufsicht erscheint. Dieser Winkel wird *Parallaxe* (griech. für „Abweichung") genannt. Die Parallaxe ist umso kleiner, je weiter das Gestirn entfernt ist. Durch Messung der Parallaxe kann also bei bekannter Länge der Basis die Entfernung eines Gestirns bestimmt werden. In der Astronomie wird deshalb Parallaxe auch als Synonym für die Entfernung eines Gestirns verwendet.

Eine Standortveränderung des Beobachters ergibt sich z. B. bei der Rotation der Erde (*tägliche Parallaxe*) oder beim Umlauf der Erde um die Sonne (*jährliche Parallaxe*). In Abb. 7.5 oben ist die tägliche Parallaxe für den Mond dargestellt. Dabei ist die *Äquatorial-Horizontalparallaxe* $p_{\ddot{A}qu}$ der größtmögliche Wert des parallaktischen Winkels, der auftritt, wenn der Äquatorradius die Basis ist. Für den Mond gilt $\sin p_{\ddot{A}qu} = R_{\ddot{A}qu}/r_M$, mit $R_{\ddot{A}qu} = 6378$ km = Äquatorradius. Im Mittel gilt $p_{\ddot{A}qu} = 57{,}04'$, also ungefähr 1°, was zwei

Vollmondbreiten entspricht. Die Horizontalparallaxe der Sonne beträgt im Mittel nur 8,794''; diese ist jedoch nicht direkt messbar, da die Sonne die Fixsterne überblendet. Für alle Gestirne außerhalb des Sonnensystems ist die tägliche Parallaxe unmessbar klein.

Zur praktischen Messung der Mondparallaxe bieten sich zwei Verfahren an: zum einen die tägliche Parallaxe, bei der von *einem* Ort aus, der längs eines Breitengrades um die Erdachse rotiert, die Mondposition beobachtet wird (Abb. 7.5 Mitte). Die Messung wird dadurch erschwert, dass zwischen zwei Zeitpunkten t_1 und t_2 der Mond sich ebenfalls vorwärtsbewegt, und zwar mit etwa 13° pro Tag. Durch wiederholte Messungen lässt sich jedoch die parallaktische Verschiebung von der Mondbewegung separieren. Zur höheren Genauigkeit wird die Mondposition relativ zu einem nahe gelegenen Fixstern bestimmt.

Bei einem zweiten Verfahren, der *Triangulation*, d. h. der trigonometrischen Entfernungsmessung, wird die Mondparallaxe zwischen *zwei* genügend weit voneinander entfernten Standorten A und B der Erdoberfläche durch zwei Beobachter bestimmt (Abb. 7.5 unten). Die Messungen müssen gleichzeitig erfolgen, weil sowohl die Erde rotiert als auch der Mond sich bewegt. Das gesuchte $p_{\ddot{A}qu}$ bzw. r_M errechnet sich dann aus dem parallaktischen Winkel $p = \beta - \alpha$ sowie den geographischen Längen und Breiten von A und B mittels Trigonometrie.

Die erste brauchbare Messung der Monddistanz und damit überhaupt einer Entfernung im Weltraum gelang *Hipparchos* mittels täglicher Parallaxe. Hipparchos, der auch zwei Bücher über „Parallaxen" geschrieben hat (Hinderer 1977), fand für die kleinste Mondentfernung den Wert von 62 und für die größte Entfernung 72⅔ in Einheiten des Erdradius, mit einem mittleren Wert von 67⅓ Erdradien (wahrer Wert 60,3)[1]. Die tägliche Parallaxe des Mondes war auch eines der Beobachtungsprobleme des *Ptolemäus*, ohne dass er jedoch gegenüber Hipparchos Verbesserungen erzielt hätte. So hatten diese Messwerte bis in die Neuzeit hinein Bestand.

In jüngerer Zeit konnten Astronomen die Monddistanz durch Triangulation sehr viel genauer bestimmen. Hier ist z. B. die gleichzeitige Messung der Mondposition im Jahre 1750 von *J. J. de Lalande* und *N. L. de Lacaille* von Berlin und Kapstadt aus sowie im 19. Jahrhundert von den britischen Sternwarten in Greenwich und in Kapstadt aus zu nennen. Die Messresultate von diesen genannten Orten, die ziemlich genau ein Viertel des Erdumfangs

---

[1] Die trigonometrische Entfernungsmessung war für Hipparchos undurchführbar, weil die relativ geringe Ausdehnung des damaligen griechischen Kulturkreises von nur etwa 1000 km (zwischen Hellespont und Alexandria) als Basislänge keine genaue Messung zuließ. Außerdem konnte er die Synchronisation der Messungen nicht realisieren.

voneinander entfernt liegen, entsprechen schon recht genau dem modernen Wert der Monddistanz.

Im Zweiten Weltkrieg wurde die Radartechnik entwickelt und wird seitdem auch in der Astronomie eingesetzt. Amerikanische Forscher konnten bald danach durch Messung der Laufzeit kurzer Radarimpulse, die an der Mondoberfläche reflektiert wurden, die mittlere Erde-Mond-Entfernung (von Mittelpunkt zu Mittelpunkt) präzise zu (384.402±1) km bestimmen[2].

Die aller genaueste Methode zur Messung der Monddistanz ist jedoch die Messung der Lichtlaufzeit kurzer, starker Laserimpulse, die seit der ersten bemannten Mondlandung möglich wurde. Zwischen 1969 und 1973 wurden drei US-amerikanische und zwei sowjetische *Retroreflektoren* (bei *Apollo*- bzw. *Luna*-Missionen) an verschiedenen Orten der Mondoberfläche installiert. Sie spiegeln das von einem Laser auf der Erde emittierte Licht nach dem Prinzip von „Katzenaugen" zur Lichtquelle zurück. Damit ist der Ort der Reflexion punktförmig und nicht mehr, wie bei der Radartechnik, ein ausgedehntes Gebiet auf der Mondoberfläche. Bei der Lichtgeschwindigkeit von 30 cm/ns[3] erlaubt eine Laufzeitmessung, die genauer als 1 ns ist, die Bestimmung der Entfernung auf besser als 15 cm. Bei neueren Messungen im Rahmen der *Lunar Laser Ranging*-Programme beträgt der Messfehler des Mondabstands nur 2 bis 3 cm. Da solche Beobachtungen mittlerweile seit Jahrzehnten durchgeführt werden, konnte sogar die jährliche Zunahme des Mondabstands präzise zu 3,8 cm bestimmt werden (siehe Abschn. 2.6).

Über diese winzige Abstandszunahme wird oft in Wissenschaftssendungen berichtet. Aber kaum jemand macht sich dabei klar, dass 3,8 cm nur der milliardste Teil der monatlichen Variation des Mondabstands von ca. 40.000 km sind. Die genaue Lasermessung wäre also sinnlos, wenn man nicht auch in der Lage wäre, den zeitlich gemittelten Mondabstand aus seiner Bahnform zentimetergenau zu berechnen!

7.4 Bestimmung der Masse des Mondes

Die Masse des Mondes ist eine seiner wichtigsten Kenngrößen. Alle Methoden, sie zu messen, beruhen auf der Gravitationswirkung des Mondes auf andere Körper.

---

[2] Die Radarecho-Methode erlaubt die genauesten Entfernungsmessungen von erdnahen Planeten, insbesondere an der Venus. Hieraus und aus dem 3. Kepler'schen Gesetz ist die mittlere Sonnenentfernung, also die Astronomische Einheit, die nicht direkt beobachtbar ist, auf neun Dezimalstellen genau bestimmt worden!

[3] $1 \text{ ns} = 10^{-9} \text{ s} = 1$ Nanosekunde.

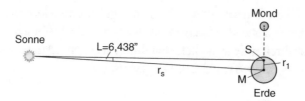

Abb. 7.6 Geozentrische Amplitude L der „lunaren Ungleichheit" des Sonnenlaufs

Am einfachsten kann man sie – wie man es in Schulphysikbüchern findet – aus dem korrigierten 3. Kepler'schen Gesetz, Gl. (6.45), errechnen. Mit den Zahlenwerten für T_{sid}, $a \cong r_M$, G und m_E aus Anhang 2 erhält man $m_M = 5{,}62 \cdot 10^{22}$ kg. Zur besseren Anschaulichkeit drücken wir die Mondmasse durch das Verhältnis Erd-zu-Mondmasse aus und haben $\mu^{-1} = m_E/m_M = 106$. Dies ist gegenüber dem wahren Wert von 81,3 recht ungenau. Bei dieser Methode ist zu berücksichtigen, dass die Mondmasse in Gl. (6.45) nur als kleines Korrekturglied gegenüber der Erdmasse auftritt, sodass ihr Wert sehr empfindlich von den Zahlenwerten der anderen Konstanten abhängt. Ändert man beispielsweise den Wert von r_M um nur 0,1 %, so ändert sich die errechnete Mondmasse um 25 %! Darüber hinaus werden T_{sid} und r_M durch die Bahnstörungen beeinflusst, weshalb diese Gleichung für den Mond nicht exakt gilt und für eine genaue Bestimmung von m_M ungeeignet ist.

Eine erheblich genauere Methode besteht in der Bestimmung des Schwerpunktsabstands r_1 der Erde, der nach Gl. (6.44a) stark von $\mu^{-1} = m_E/m_M$ abhängt. Wir können r_1 nicht direkt beobachten, aber indirekt aus der scheinbaren Sonnenbahn ermitteln: Der Schwerpunkt S des Erde-Mond-Systems umkreist die Sonne auf der Ekliptik. Erde und Mond ihrerseits umkreisen S auf Ellipsenbahnen, deren große Halbachsen r_1 und r_2 sind. Die Erde läuft auf der Ekliptik demnach mit der Periode eines synodischen Monats schneller oder langsamer als S. Diese Schwingung erscheint von der Erde aus gesehen als ein abwechselnd östlicher und westlicher Versatz der Sonnenbahn auf der Ekliptik. Gemäß Abb. 7.6 und Gl. (6.44a) ist die geozentrische Amplitude L dieser *lunaren Ungleichheit* durch die einfache Beziehung

$$L = \frac{r_1}{r_S} = \frac{\mu}{1+\mu}\frac{r_M}{r_S}$$

gegeben, wobei r_S der mittlere Abstand Sonne–Erde ist. L, das aus der zeitlichen Variation des Meridiandurchgangs der Sonne gewonnen werden kann, wurde zu $L = 6{,}438''$ bestimmt, woraus $\mu^{-1} = 81{,}33 \pm 0{,}03$ für das Massenverhältnis Erde zu Mond folgt (Kopal 1969).

Seit dem Raumfahrtzeitalter besteht die genaueste Methode zur Bestimmung der Mondmasse allerdings in der Messung der Fallbeschleunigung, die den Mond umkreisende künstliche Satelliten erleiden. Daraus wurde der sehr genaue Wert $m_E/m_M = 81{,}303 \pm 0{,}001$ gewonnen.

Literatur

Hinderer F (1977) Hipparch. In: Fassmann K (Hrsg) Die Großen. Leben und Leistung der sechshundert bedeutendsten Persönlichkeiten unserer Welt. Kindler, Zürich, S. 798–819

Kopal Z (1969) The Moon. Astrophysics and Space Science Library. D. Reidel Publishing Company, Dordrecht

Wikipedia – Die Freie Enzyklopädie: Mondbahn. Zugegriffen: 10. Okt. 2012

8

Die Mondbahn von der Erdoberfläche aus gesehen

8.1 Tägliche Verspätung von Kulmination, Auf- und Untergangszeit

Wir wollen nun die Mondbahn relativ zum Standort eines Beobachters auf der rotierenden Erde betrachten. Der Mond wandert wie alle Gestirne scheinbar von Ost nach West und rückt dabei in gut 2 Minuten um seinen Durchmesser vor (was der Grund für manch unscharfes Mondfoto ist). Die scheinbare tägliche Umlaufzeit des Fixsternhimmels ist gleich der Rotationsperiode der Erde $T_{E, rot} = 23$ h 56 min 4 s (der sog. *Sterntag*, der etwas kürzer ist als der mittlere Sonnentag von 24 h). Die *scheinbare tägliche Umlaufzeit* $T_{M, schein}$ des Mondes hingegen dauert etwas länger, da der Mond ja nicht „stillsteht" wie die Fixsterne, sondern die Erde rechtläufig in einem siderischen Monat von $T_{sid} = 27{,}32$ Tage umkreist. $T_{M, schein}$ errechnet sich gemäß

$$\frac{1}{T_{M,schein}} = \frac{1}{T_{E,rot}} - \frac{1}{T_{sid}}$$

zu $T_{M, schein} = 24$ h 50 min 28 s.

Dies ist die mittlere Zeit zwischen zwei aufeinanderfolgenden Durchgängen des Mondes durch den Meridian des Beobachtungsortes und damit die Zeit zwischen zwei Kulminationen (Tageshöchstständen) des Mondes. Die Mondkulmination verspätet sich also von Tag zu Tag um etwa 50 min. Der Kulminationszeitpunkt verschiebt sich im Laufe eines Monats durch alle Tageszeiten, im Gegensatz zur Sonne, die jeden Tag um 12 Uhr wahrer Ortszeit kulminiert. Die tägliche Verspätung des Mondes begegnet uns auch in der täglichen Verspätung von Ebbe und Flut am Meer (Abschn. 9.2).

Abbildung 8.1 illustriert den Zeitpunkt des Meridiandurchgangs: Erdachse, Beobachter und Mond liegen dann in *einer* Ebene. Die Kulminationshöhe h_K ist durch

$$h_K = 90° - \varphi + \delta \qquad (8.1)$$

© Springer-Verlag GmbH Deutschland, ein Teil von Springer Nature 2013
E. Kuphal, *Den Mond neu entdecken*,
https://doi.org/10.1007/978-3-642-37724-2_8

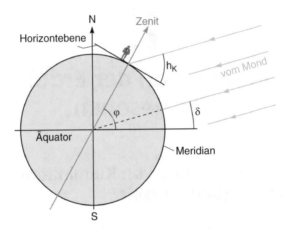

Abb. 8.1 Meridianschnitt durch die Erde. Es ist φ die geographische Breite, δ die Deklination des Mondes und h_K seine Kulminationshöhe über dem Horizont des Beobachters

gegeben, wie man Abb. 8.1 entnimmt. Hierbei bedeutet φ die geographische Breite des Standorts und δ die *Deklination* (lat. *declinatio* = Abweichung) des Mondes, d. h. seine Winkelhöhe über der Äquatorebene.

Durch tägliche Messung des Meridiandurchgangs, was auch vor dem Fernrohr-Zeitalter bereits mit hoher Präzision praktiziert wurde, erhält man den zeitlichen Verlauf der Mondposition auf seiner Bahn. So stellt man fest, dass die tägliche Verspätung der Kulmination nicht konstant ist, sondern zwischen 41 und 64 min variiert. Dies ist in Abb. 8.2 (oben) dargestellt.

Dafür gibt es zwei Gründe: Große/kleine Verspätungen treten ein, wenn die Winkelgeschwindigkeit des Mondes groß/klein ist (der Mond in Erdnähe/Erdferne ist) und wenn die tägliche Änderung der Deklination klein/groß ist.

Während der Einfluss der Winkelgeschwindigkeit auf die tägliche Verspätung unmittelbar einleuchtet, ist zum Verständnis der Abhängigkeit von der Deklination ein klein wenig räumliches Vorstellungsvermögen gefragt: Die Deklination variiert in einem siderischen Monat annähernd sinusförmig zwischen den Extremwerten $\delta = 23{,}5° \pm 5{,}1°$ und $-23{,}5° \pm 5{,}1°$ (Abb. 8.2, unten). Bei starker Änderung der Deklination, also etwa bei den Nulldurchgängen der „Sinuskurve", wandert der Mond „schräg" zur Bewegungsrichtung des Beobachters, welcher sich mit der Erdrotation parallel zum Äquator vorwärtsbewegt. Damit rückt der Mond scheinbar langsamer vor, und die tägliche Verspätung verringert sich. Bei den Maxima und Minima der Deklinationskurve hingegen wandert der Mond parallel zum Äquator, also scheinbar schneller, und die Verspätung der Kulmination gegenüber dem Vortag wird größer. Der Einfluss des Mondabstands auf die tägliche Verspätung variiert

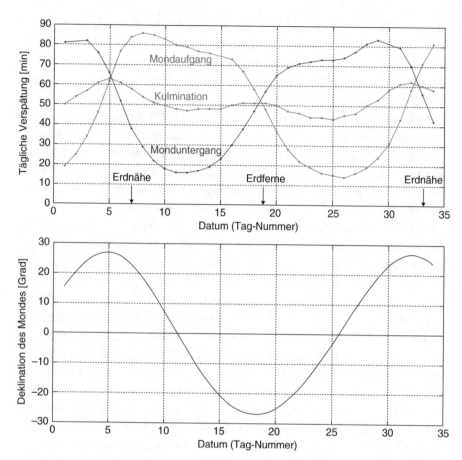

Abb. 8.2 *Oben*: Verspätung von einem Tag zum nächsten in Minuten von Kulmination (Meridiandurchgang), Mondaufgang und Monduntergang am Beispiel des Zeitraums 01.03. bis 03.04.2009. Erdnähe und -ferne sind mit angegeben. *Unten*: Die Deklination des Mondes im gleichen Zeitraum

daher mit einem anomalistischen Monat, der der Deklination hingegen mit einem halben siderischen Monat[1].

Wenden wir uns nun dem *Mondaufgang* (MA) und *Monduntergang* (MU) zu: Darunter verstehen wir hier die Zeitpunkte, an denen der Mondmittelpunkt gerade an einem ebenen Horizont erscheint bzw. verschwindet.

Die Lichtstrahlen von horizontnahen Gestirnen verlaufen in der Erdatmosphäre nicht geradlinig, sondern zum Beobachter hin gekrümmt. Dies liegt an der Lichtbrechung (*Refraktion*) in der Atmosphäre, die daher rührt, dass die Dichte und damit auch der optische Brechungsindex der Luftschicht von

---

[1] Die beiden Ursachen für die variierende tägliche Verspätung finden wir auch ganz analog beim scheinbaren täglichen Vorrücken der Sonne um die Erde: Die unterschiedliche Winkelgeschwindigkeit auf der Ellipsenbahn und die Änderung der Deklination der Sonne bewirken unterschiedlich lange *wahre Sonnentage*. Dies wird durch die sog. *Zeitgleichung* erfasst.

außen in Richtung Erdoberfläche hin zunimmt. Der Beobachter aber sieht das Gestirn in Richtung der Tangente des Lichtstrahls, der sein Auge trifft. Darum sieht er das Gestirn scheinbar um einen gewissen Winkelbetrag höher stehen, als es tatsächlich steht. Die Refraktion direkt am Horizont beträgt etwa 35′, was eine scheinbare Anhebung um mehr als einen Monddurchmesser bedeutet! Die Refraktion nimmt zu höheren Winkeln über dem Horizont schnell ab und ist null, wenn das Gestirn im Zenit steht. Außerdem hängt sie von Druck, Temperatur und Temperaturgradient der Luft ab. Die Horizontrefraktion von 35′ gilt für eine „Normatmosphäre". Da der obere Mondrand eine geringere Refraktion erfährt als der untere, sehen wir den Mond am Horizont oval verformt, d. h. in vertikaler Richtung gestaucht.

Man liest gelegentlich, dass MA und MU sich ebenfalls von Tag zu Tag um 50 min verspäten. Ein Blick auf Abb. 8.2 zeigt jedoch, dass die täglichen Verspätungen zwischen 14 und 86 min liegen, also noch deutlich mehr schwanken als die der Kulmination! Diese Schwankungen werden vor allem von der stark unterschiedlichen *Tageslänge des Mondes* (Zeitdifferenz zwischen MA und MU) verursacht. In Zeiten großer/kleiner Deklination kulminiert der Mond hoch/niedrig über dem Horizont und entsprechend sind sein *Tagbogen* und seine Tageslänge lang/kurz. Die Tageslänge des Mondes liegt (bei $\varphi = 50°$) zwischen 6 h und 18 h. Nimmt nun die Tageslänge von einem Tag zum nächsten stark zu, was beim Nulldurchgang der Deklinationskurve von negativen zu positiven Werten der Fall ist (Abb. 8.2), so verfrüht sich der MA und verspätet sich der MU gegenüber den mittleren 50 min. Bei stark abnehmender Tageslänge, d. h. stark negativer Steigung der Deklinationskurve, tritt das Umgekehrte ein: Die Verspätung des MA gegenüber dem Vortag nimmt zu und die des MU verringert sich.

Relativ zum Fixsternhimmel rückt der Mond in $T_{sid} \cdot 31{,}1′/360° = 57$ min um seinen Durchmesser von West nach Ost vor. Pro Tag legt er einen Winkelweg von etwa $360° \cdot 24\,h / T_{sid} = 13{,}2°$ zurück. Letzteren Winkel kann man ganz gut am Himmel zwischen dem gespreizten Daumen und Zeigefinger bei ausgestrecktem Arm anpeilen. So kann man abschätzen, wann der Mond z. B. die dichteste Annäherung an einen Planeten oder Stern nahe der Ekliptik erreichen wird. Bezogen auf die Sonne hingegen beträgt seine tägliche (synodische) Bewegung nur $360° \cdot 24\,h / T_{syn} = 12{,}2°$, da die Sonne selbst täglich um etwa 1° von West nach Ost voranschreitet.

8.2 Die Mondbahn über dem Horizont

Im Folgenden wird die Winkelhöhe h des Mondes über dem Horizont als Funktion der Zeit t berechnet. Dazu benutzen wir ein ganz einfaches Modell: Die Erde sei durch ihre tägliche Rotation und die Schiefe der Erdachse gekennzeichnet und der Beobachter durch seine geographische Breite φ; der Mond vollführe eine konzentrische Kreisbahn in der Ekliptikebene um die Erde. (Vernachlässigt werden also die Exzentrizität, die Bahnneigung sowie Refraktion, Parallaxe und Bahnstörungen.) Mit dieser Näherung erzielt man bereits einen Verlauf von $h(t)$, der wesentliche Merkmale der Mondbahn erkennen lässt. Eine verfeinerte Rechnung hingegen würde unterschiedliche Bahnen von Tag zu Tag und von Jahr zu Jahr ergeben und damit die grafische Darstellung sehr verkomplizieren.

Die Diagramme in Abb. 8.3 zeigen den ungefähren Bahnverlauf in den verschiedenen Jahreszeiten für $\varphi = 50°$ Nord. Das Diagramm für März z. B. ist so zu verstehen, dass der Mond an demjenigen Tag des Monats, an dem er die angegebene Phase hat (z. B. erstes Viertel), ungefähr die eingezeichnete Bahnform aufweist. Entsprechendes gilt für die anderen Diagramme. Man erkennt die starke Abhängigkeit der Tageslänge des Mondes von der Kulminationshöhe.

Die unterschiedlichen Kulminationshöhen in Abb. 8.3 kann man qualitativ auch schon aus Abb. 2.3 verstehen: Ist die Nordhalbkugel der Erde zur jeweiligen Mondposition hin geneigt, dann steht der Mond hoch über dem Äquator und kulminiert bei uns auch hoch über dem Horizont. Bei Frühlingsanfang etwa ist die Nordhalbkugel dem Mond am stärksten zugeneigt, wenn er im ersten Viertel steht; somit kulminiert er bei uns im ersten Viertel am höchsten und im letzten Viertel am niedrigsten. Bei Sommeranfang ist die Nordhalbkugel dem Mond am stärksten zugeneigt, wenn Neumond ist, bei Herbstanfang, wenn er im letzten Viertel steht, und bei Winteranfang schließlich, wenn Vollmond ist. Der Vollmond kulminiert also, was sicher den meisten Lesern schon aufgefallen ist, im Winter besonders hoch, während er im Sommer sich nur niedrig über den Horizont erhebt und folglich auch nur wenige Stunden sichtbar ist. Wenn man von der Neigung der Mondbahnebene gegen die Ekliptik absieht, die die Mondhöhe periodisch bis zu $5{,}1°$ anhebt oder absenkt, ergeben sich für unsere Breite ($\varphi = 50°$) folgende Kulminationshöhen:

Zu Sommeranfang kulminiert der Vollmond so hoch wie die Sonne bei Winteranfang: $h_K = 90° - 50° - 23{,}5° = 16{,}5°$.

Zu Winteranfang kulminiert der Vollmond so hoch wie die Sonne bei Sommeranfang: $h_K = 90° - 50° + 23{,}5° = 63{,}5°$. Dies ist in Abb. 8.4 dargestellt.

Zu den Äquinoktien kulminieren Vollmond und Sonne gleich hoch: $h_K = 90° - 50° = 40°$.

Als Nächstes sehen wir uns die Mondbahn $h(t)$ im Monatsverlauf an (Abb. 8.5 und Abb. 8.6). Hier ist zusätzlich auch der Bahnverlauf unter dem Horizont eingezeichnet. Die tägliche „Schwingung" der Bahn rührt von der Erdrotation her, während die monatliche „Schwingung" (mit der Periode des siderischen Monats) durch die Schiefe der Erdachse gegen die Ekliptik und

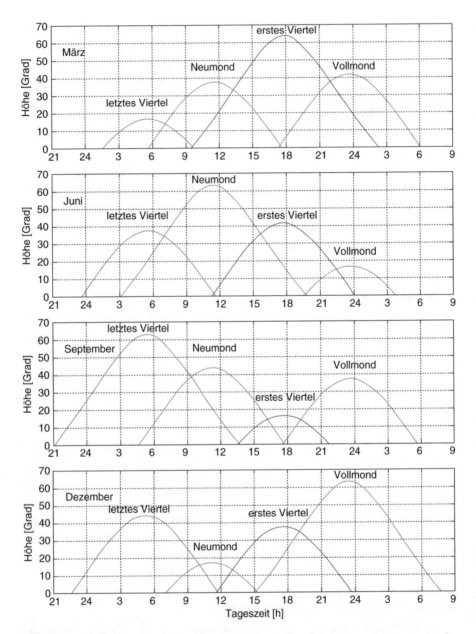

Abb. 8.3 Mondbahn im Tagesverlauf für 50° nördlicher Breite. Aufgetragen ist die Höhe des Mondes über dem Horizont für die vier Mondphasen in vier ausgewählten Monaten. (Berechnet in Kreisbahnnäherung und unter Vernachlässigung der Bahnneigung.)

der damit verbundenen Variation der Monddeklination δ verursacht wird. Über die Mondphasen wird in diesen Diagrammen keine Aussage gemacht. Auffällig ist, dass der Bahnverlauf sich auf verschiedenen geographischen Breiten ganz unterschiedlich darstellt. Bei Breiten oberhalb des nördlichen

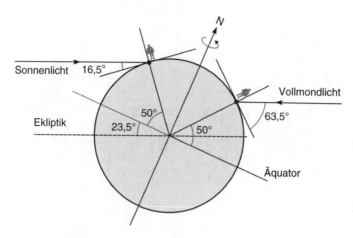

Abb. 8.4 Höhe der Sonne am Mittag und des Vollmonds um Mitternacht bei 50°
nördlicher geographischer Breite zum Zeitpunkt der Wintersonnenwende. (Die Neigung der Mondbahn gegen die Ekliptik wurde vernachlässigt.)

und unterhalb des südlichen Wendekreises ($|\varphi| > 23{,}5°$) ist der Hub der täglichen „Schwingung", also die Differenz zwischen *oberer* und *unterer Kulmination* immer gleich groß und nur von φ abhängig:

$$\Delta h_K = 180° - 2\varphi. \tag{8.2}$$

Dieser Zusammenhang gilt für alle Gestirne, die sich nur langsam im Vergleich zur Erdrotation bewegen. Bei uns ($\varphi = 50°$) ist der tägliche Hub also $\Delta h_K = 80°$.

Für einen Beobachter in Äquatornähe erreicht der Mond zweimal im Monat seine maximale Kulmination.

Bei $\varphi = 75°$ geht der Mond bereits etwa eine Woche pro Monat nicht mehr unter.

Für Beobachter am Nord- oder Südpol vollführt der Mond keine täglichen Schwingungen mehr, vielmehr steht er je einen halben siderischen Monat über und unter dem Horizont. Seine Bahnkurve ist hier identisch mit seiner Deklinationskurve $\delta(t)$. – Im Polarwinter der Arktis und Antarktis ist diese halbmonatliche Beleuchtung für die Tierwelt die einzige Lichtquelle. Wie gut, dass in dieser sonnenlosen Zeit der Mond sich über dem Horizont eher als Vollmond, aber nie als Neumond präsentiert!

Für interessierte Leser sei die Berechnung von $h(t)$ in Abb. 8.3, 8.5 und 8.6 beschrieben[2]: Hierzu wurden drei Koordinatensysteme benutzt, das Horizont-, das Äquator- und das Ekliptikkoordinatensystem.

Im *Horizontkoordinatensystem* (Abb. 8.7) ist die Position eines Gestirns durch seine *Höhe h* über dem Horizont und das *Azimut a* gekennzeichnet.

---

[2] Die Programmierung der Kurven geschah mittels MATLAB 6.5®.

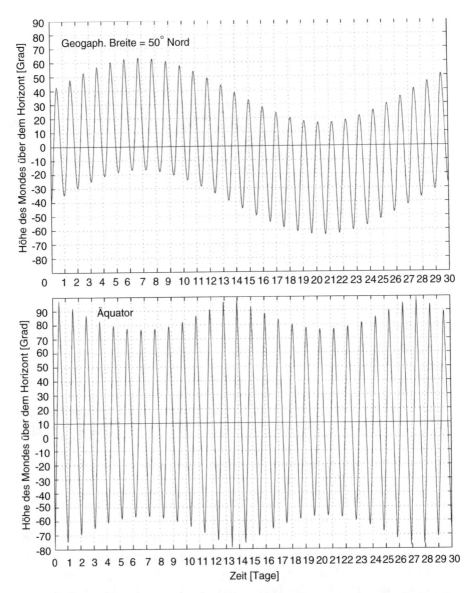

Abb. 8.5 Höhe des Mondes über und unter dem Horizont im Monatsverlauf für 50° nördlicher Breite (*oben*) und am Äquator (*unten*). (Näherungsrechnung wie in Abb. 8.3)

Das *Äquatorkoordinatensystem* (Abb. 8.8) ist die Projektion des Erdnetzes von Längen- und Breitengraden vom Erdmittelpunkt aus an den Himmel. Die *Deklination* δ ist der Winkelabstand des Gestirns vom Himmelsäquator. Der *Stundenwinkel* τ gibt den Winkelabstand eines Gestirns gegen den Meridian im Süden an. Er wird in Richtung W, N, O und S, also in der Richtung

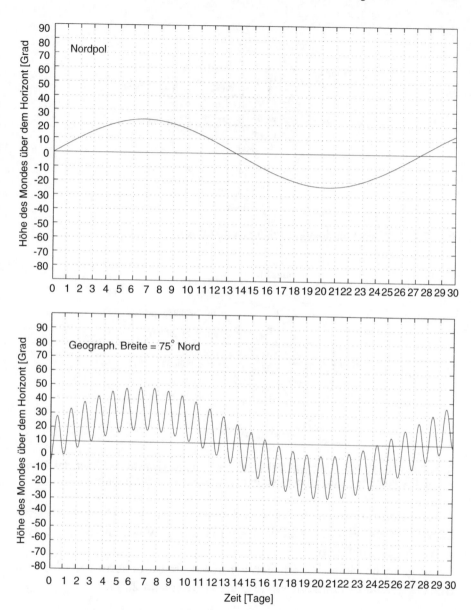

Abb. 8.6 Höhe des Mondes über und unter dem Horizont im Monatsverlauf am Nordpol (*oben*) und für 75° nördlicher Breite (*unten*). (Näherungsrechnung wie in Abb. 8.3)

der scheinbaren Drehung des Himmelsgewölbes, gezählt. τ wird in Grad oder meist im Zeitmaß angegeben ($0° = 0^h$ und $360° = 24^h$)[3].

---

[3] Rektaszension (hier nicht benutzt): Da der Stundenwinkel sich mit der Tageszeit verändert, wird alternativ meist die Rektaszension α verwendet. Sie wird ab dem Frühlingspunkt in östlicher Richtung gezählt.

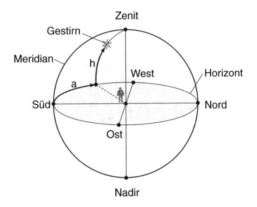

Abb. 8.7 Horizontkoordinaten: Azimut *a* und Höhe *h*

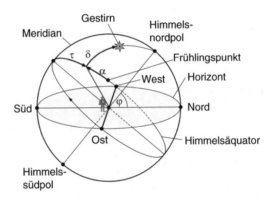

Abb. 8.8 Äquatorkoordinaten: Deklination δ und Stundenwinkel τ bzw. Rektaszension α. Die Polhöhe ist gleich der geographischen Breite φ des Standorts

Im *Ekliptikkoordinatensystem* wird die Position eines Gestirns durch seine Länge λ auf der Ekliptik, gezählt ab dem Frühlingspunkt, und seine Breite β senkrecht dazu definiert.

Die gesuchte Höhe *h(t)* erhalten wir durch Transformation von $\delta(\tau)$ vom Äquatorsystem ins Horizontsystem gemäß (Herrmann 2005)

$$\sin(h) = \cos\varphi \cos\delta \cos\tau + \sin\varphi \sin\delta. \tag{8.3}$$

In unserem einfachen Modell nimmt der Stundenwinkel τ des Mondes mit der Tageszeit *t* am Ort des Beobachters gleichmäßig zu.

Da wir die Neigung der Mondbahn gegen die Ekliptik vernachlässigen, ergibt sich die Deklination $\delta(t)$ aus $\sin\delta = \sin\varepsilon \sin\lambda$, wobei $\varepsilon = 23{,}5°$ die Schiefe der Ekliptik ist und die ekliptikale Länge näherungsweise zu $\lambda = (t/T_{sid}) \cdot 360°$ gewählt wurde.

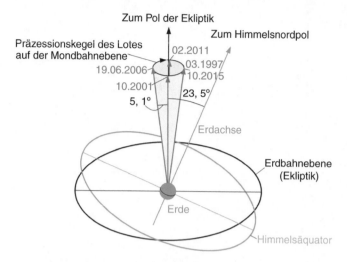

Abb. 8.9 Das Lot auf der Mondbahnebene präzediert um den Pol der Ekliptik mit einer Periode von 18,61 Jahren (siehe auch Abb. 5.3)

Zum Schluss dieses Kapitels wollen wir die Neigung der Mondbahnebene gegen die Ekliptik, die wir bisher vernachlässigt hatten, wenigstens qualitativ berücksichtigen. Ihre Taumelbewegung und ihr Einfluss auf die Deklination δ sind in Abb. 8.9 aufgezeigt. Die Zuordnung zu den Kalenderjahren (Keller 2005) zeigt: Im Juni 2006 fiel der aufsteigende Knoten der Mondbahn mit dem Frühlingspunkt zusammen. Damit ergaben sich die Deklinationsextrema aus der Addition von Bahnneigung (5,1°) und Schiefe der Ekliptik (23,5°) zu $\delta = \pm 28{,}6°$. Diese Konstellation wird auch *Große Mondwende* genannt. Der Mond erreichte dann bei 50° nördlicher Breite Kulminationshöhen zwischen 68,6° und 11,4° und seine Tageslänge variierte zwischen 18,0 h und 5,9 h. Um 9,3 Jahre davor (März 1997) und danach (Oktober 2015) hingegen fällt der absteigende Knoten mit dem Frühlingspunkt zusammen. Während dieser sog. *Kleinen Mondwende* erreicht die Deklination durch Subtraktion der Bahnneigung von der Schiefe der Ekliptik Extremwerte von nur $\pm 18{,}4°$. Auf unserer Breite kulminiert der Mond dann zwischen 58,4° und 21,6° bei Tageslängen zwischen 14,8 h und 9,2 h.

Literatur

Herrmann J (2005) dtv-Atlas Astronomie. Deutscher Taschenbuch Verlag, München
Keller H-U (Hrsg) (2005) Kosmos Himmelsjahr 2006. Frankh-Kosmos-Verlag, Stuttgart. S 165, Extreme Mondpositionen

9

Gezeitenkräfte

9.1 Gezeitenkräfte zwischen Erde, Mond und Sonne

Mit dem Wort *Gezeitenkraft* verbinden wir meist das Phänomen der *Gezeiten*, also von Ebbe und Flut auf den Meeren. Gezeitenkräfte, die uns schon in vorherigen Kapiteln begegnet sind, wirken aber generell auf jeden ausgedehnten Körper („Satellit"), der sich in einem inhomogenen Gravitationsfeld befindet. Und Gravitationsfelder sind praktisch immer inhomogen, da die Schwerkraft jedes „Hauptkörpers" auf einen Satelliten mit der Entfernung wie $1/r^2$ abnimmt. Die Gezeitenkräfte, die an verschiedenen Punkten eines Satelliten wirken, sind gleich der Differenz der Gravitationskräfte an diesen Punkten gegenüber seinem Schwerpunkt. Die Erde übt auf den Mond Gezeitenkräfte aus, ebenso der Mond auf die Erde, die Sonne auf die Erde und den Mond usw.

Im Folgenden wird zunächst die auf die Erde wirkende Gezeitenkraft des Mondes berechnet (Grehn und Krause 2007; Keller 2001), dann umgekehrt der Einfluss der Erde auf den Mond und schließlich die auf die Erde wirkende Gezeitenkraft der Sonne.

Auf die Erde wirkende Gezeitenkraft des Mondes In diesem Fall ist der Mond der Hauptkörper und die Erde der Satellit. Um die Gezeitenkraft zu ermitteln, betrachten wir zunächst die Abb. 6.9: Erde und Mond laufen in einem siderischen Monat um ihren gemeinsamen Schwerpunkt S. Dieser ist $r_1 = 4671$ km vom Erdschwerpunkt M entfernt, liegt also im Erdinneren. Abbildung 9.1 veranschaulicht, dass bei dieser Drehung um S die Erde ihre Richtung im Raum beibehält. Wie durch das Männchen angedeutet, dreht sich die Erde dabei nicht um sich selbst, sondern schiebt sich im Kreis um S. Jeder Punkt der Erde führt einen Kreis vom Radius r_1 aus, aber nur der Punkt M beschreibt einen Kreis mit S als Mittelpunkt. (Die tägliche Rotation der Erde spielt an dieser Stelle keine Rolle und braucht deswegen hier nicht berücksichtigt zu werden.)

© Springer-Verlag GmbH Deutschland, ein Teil von Springer Nature 2013
E. Kuphal, *Den Mond neu entdecken*,
https://doi.org/10.1007/978-3-642-37724-2_9

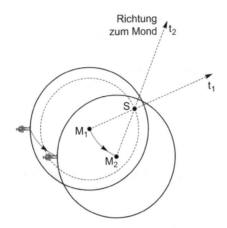

Abb. 9.1 Bewegung der Erde um den Schwerpunkt S des Erde-Mond-Systems zu zwei unterschiedlichen Zeiten t_1 und t_2. Der Erdmittelpunkt sowie alle anderen Punkte der Erde beschreiben dabei Kreise mit jeweils *gleichem* Radius. Die Erde behält ihre Richtung im Raum bei, wie durch die Position des Beobachters auf der Erde illustriert wird. Bezogen auf die Erde bewegt sich der Schwerpunkt S auf dem gestrichelten Kreis

Auf jeden Massepunkt der Erde wirkt eine Gravitationskraft F_G des Mondes und wegen der Drehung um S auch eine Zentrifugalkraft F_Z. Da bei der monatlichen Drehbewegung alle Punkte der Erde Kreise mit demselben Radius beschreiben, wirkt überall auf der Erde die *gleiche* Zentrifugalkraft. Die gesuchten Gezeitenkräfte F_T an verschiedenen Orten sind gleich der Differenz zwischen der Zentrifugalkraft und den örtlich verschiedenen Gravitationskräften (Abb. 9.2).

Am Erdschwerpunkt M sind Zentrifugalkraft und Schwerkraft gleich groß, sonst wäre das System Erde–Mond nicht im Gleichgewicht. Folglich gilt dort $F_Z = F_G = G \cdot m \cdot m_M / r_M^2$, wobei G die Gravitationskonstante, m_M die Mondmasse und m eine beliebige, kleine Probemasse bedeuten, auf die F_Z und F_G wirken[1]. Am mondzugewandten Punkt A der Erdoberfläche, auch *sublunarer Punkt* genannt, ist die Gravitationskraft etwas größer als die Zentrifugalkraft. Zählen wir die Richtung radial von der Erde weg als positiv, so wird die Gezeitenkraft

$$F_T = F_G - F_Z = G\frac{m \cdot m_M}{(r_M - R_E)^2} - G\frac{m \cdot m_M}{r_M^2} \approx 2G \cdot m \cdot m_M \frac{R_E}{r_M^3}.$$

(R_E ist der mittlere Erdradius.) Am mondabgewandten Punkt C hingegen ist die Gravitationskraft etwas kleiner als die Zentrifugalkraft, und ihre Differenz ist

---

[1] Anstatt mit der Gezeiten*kraft* kann man auch mit der von der Probemasse unabhängigen Gezeiten*beschleunigung* arbeiten.

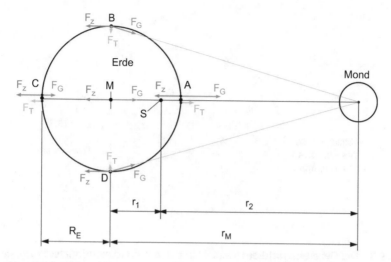

Abb. 9.2 Drehung von Erde und Mond um den gemeinsamen Schwerpunkt S. Es bedeuten F_G die Gravitationskraft, F_Z die Zentrifugalkraft und F_T die Gezeitenkraft, die an verschiedenen Orten auf eine Probemasse wirken

$$F_T = F_Z - F_G = G\frac{m \cdot m_M}{r_M^2} - G\frac{m \cdot m_M}{(r_M + R_E)^2} \approx 2G \cdot m \cdot m_M \frac{R_E}{r_M^3}.$$

An beiden Punkten zeigt die resultierende Kraft F_T nach außen und ist dem Betrag nach in erster Näherung[2] gleich.

An allen anderen Punkten der Erdoberfläche sind die Kräfte F_G und F_Z nicht mehr parallel zueinander. An den Punkten B und D hebt sich die Horizontalkomponente von F_G nahezu gegen F_Z auf, während die ins Erdinnere gerichtete Vertikalkomponente ersichtlich $-F_G R_E/r_M$ ist, sodass

$$F_T \approx -F_G\frac{R_E}{r_M} = -G \cdot m \cdot m_M\frac{R_E}{r_M^3}.$$

Von der Anziehungskraft des Mondes spüren wir wegen ihrer Kompensation durch die Fliehkraft (an Punkt A und C) nur den kleinen Bruchteil

$$F_T/F_G = 2R_E/r_M = 0{,}033!$$

Um eine Vorstellung von der Größe der Gezeitenkraft zu bekommen, setzen wir sie ins Verhältnis zur *Gewichtskraft* an der Erdoberfläche $F_{Gew} = G \cdot m \cdot m_E/R_E^2$.

---

[2] Diese Näherung ist das erste Glied der Potenzreihenentwicklung für $R_E \ll r_M$. Das zweite Glied zeigt, dass F_T am mondabgewandten Punkt um $3R_E/r_M = 5\,\%$ kleiner ist als am mondzugewandten Punkt.

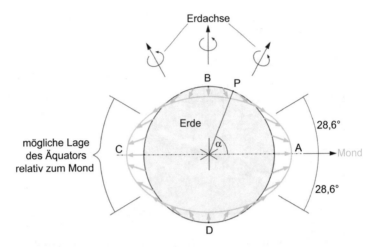

Abb. 9.3 Die Gezeitenkräfte des Mondes bilden ein dreidimensionales Profil, das rotationssymmetrisch um die Achse Erde-Mond und annähernd spiegelsymmetrisch zur Ebene durch den Erdmittelpunkt senkrecht zur Achse Erde-Mond ist. Gezeigt ist auch, in welchem Winkelbereich der Äquator bzw. die Erdachse relativ zum Kraftprofil liegen kann. α ist der Winkel zwischen der Mondrichtung und dem Standort P

Bei A und C lautet das Verhältnis:

$$\frac{F_T}{F_{Gew}} = 2\frac{m_M}{m_E}\frac{R_E{}^3}{r_M{}^3} = 1{,}12 \cdot 10^{-7}$$

und bei B und D:

$$\frac{F_T}{F_{Gew}} = -\frac{m_M}{m_E}\frac{R_E{}^3}{r_M{}^3} = -0{,}56 \cdot 10^{-7}.$$

Diese *relative Gezeitenkraft*, bei der sich die Probemasse m herauskürzt, hängt nur vom Massenverhältnis $m_E/m_M = 81{,}3$ und Längenverhältnis $r_M/R_E = 60{,}3$ ab.

Die Gezeitenkräfte bilden auf der Erdoberfläche ein dreidimensionales Feld von Zug- und Druckkräften (Abb. 9.3). Das Profil ist rotationssymmetrisch um die Achse Erde–Mond und annähernd spiegelsymmetrisch: $F_T(\alpha) \cong F_T(180° - \alpha)$. Hierbei ist α der Winkel zwischen der Achse und dem Standort P. (Der Winkel α ist nahezu identisch mit der *Zenitdistanz* des Mondes am Punkt P.) Abb. 9.3 zeigt ferner, in welchem Winkelbereich der Erdäquator und die Erdachse, bezogen auf das Kraftprofil, liegen kann.

Es ist zweckmäßig, die Gezeitenkräfte in ihre *Horizontal-* und *Vertikalkomponenten* bezüglich der Erdoberfläche zu zerlegen, denn Erstere bewirken die Verschiebung der Wassermassen auf den Weltmeeren, Letztere die Deformation des Erdkörpers. Man findet: Die Horizontalkomponente ist bei $\alpha = 0°$

und 89,5° null, hat ihr Maximum bei $\alpha = 45°$ mit $0,76F_T(0°)$ und beträgt $0,72F_T(0°)$ bei 54,3°. Die Vertikalkomponente ist für $0° \leq \alpha \leq 54,3°$ positiv und für $54,3° < \alpha \leq 90°$ negativ.

Bisher haben wir nur mit dem *mittleren* Mondabstand r_M gerechnet. Da der Abstand aber nicht konstant ist, variiert die Gezeitenkraft wegen ihrer $1/r_M{}^3$-Abhängigkeit im Laufe eines Monats deutlich: Im Perigäum (Erdnähe) des Mondes kann sie bis zu $(406.700\ \text{km}/356.400\ \text{km})^3 = 1,49$-mal größer sein als im Apogäum (Erdferne).

Fassen wir die bisherigen Ergebnisse zusammen: Die Gezeitenkraft ist in erster Näherung proportional zum Durchmesser des Satelliten und umgekehrt proportional zur dritten Potenz seines Abstands vom Hauptkörper, während die Gravitationskraft umgekehrt proportional zur zweiten Potenz des Abstands ist. Erstaunlicherweise ist die Gezeitenkraft auf der mondabgewandten Seite (fast) ebenso groß und nach außen gerichtet wie auf der mondzugewandten Seite. Auf der Achse Erde–Mond erfährt die Erde eine Zugspannung, während sie in der ringförmigen Zone senkrecht dazu eine halb so große Druckspannung erleidet. – Die Gezeitenkraft beträgt maximal 3 % der Gravitationskraft des Mondes an der Erdoberfläche. Bezogen auf die Gewichtskraft auf der Erdoberfläche macht die Gezeitenkraft gar nur ein Zehnmillionstel aus!

Auf den Mond wirkende Gezeitenkraft der Erde Der umgekehrte Fall, nämlich der Gezeiteneinfluss der Erde auf den Mond, beträgt analog zu obiger Herleitung maximal

$$F_T \approx 2G \cdot m \cdot m_E R_M / r_M{}^3,$$

wobei $R_M = 1738$ km der Mondradius ist. Diese Zugspannung bezogen auf die Gewichtskraft auf der *Mondoberfläche* ist

$$\frac{F_T}{F_{Gew}} = 2 \frac{m_E}{m_M} \frac{R_M{}^3}{r_M{}^3} = 1,50 \cdot 10^{-5}.$$

Ganz entsprechend ist die Druckspannung in der dazu senkrechten Ringzone halb so groß. Der Mond ist damit einer 134-mal stärkeren Gezeitenkraft durch die Erde unterworfen als die Erde durch den Mond.

Die Roche-Grenze Fragen wir, bei welcher Annäherung des Mondes an die Erde die Gezeitenkraft gleich der Gewichtskraft auf der Mondoberfläche wäre $(F_T = F_{Gew})$, so erhalten wir aus der vorigen Gleichung

$$d_{Roche} = R_M (2m_E / m_M)^{1/3} = 9500 \text{ km}.$$

Die Oberflächen der beiden Himmelskörper wären dann nur noch 1400 km voneinander entfernt. Diese sog. *Roche-Grenze* (von dem französischen Mathematiker Éduard Albert Roche 1850 formuliert) bezeichnet die Entfernung, bei der ein Satellit durch die Gezeitenkraft des Hauptkörpers zerrissen werden kann. Dem liegt die Annahme zugrunde, dass der Satellit nur durch seine eigene Schwerkraft und nicht durch andere Bindekräfte zusammengehalten wird und er auseinanderfällt, wenn die angreifende Zugspannung die Schwerkraft übersteigt. Unser Mond umkreist die Erde zwar weit außerhalb der Roche-Grenze, wurde aber auf der Verbindungslinie Erde–Mond ein klein wenig in die Länge gezogen.

Auf die Erde wirkende Gezeitenkraft der Sonne Sonne und Erde drehen sich um ihren gemeinsamen Schwerpunkt, der praktisch mit dem Sonnenmittelpunkt zusammenfällt, denn das Verhältnis von Sonnenmasse m_S zu Erd- plus Mondmasse beträgt $m_S/(m_E + m_M) \approx 330.000$. Die Sonne verursacht auf der Erde ein Profil von Gezeitenkräften ganz ähnlich dem in Abb. 9.3. Analog zu obiger Herleitung ist die Zugspannung an den Punkten A und C, bezogen auf die Schwerkraft auf der Erdoberfläche,

$$\frac{F_T}{F_{Gew}} = 2\frac{m_S}{m_E}\frac{R_E^3}{r_S^3} = 0{,}51 \cdot 10^{-7}.$$

Hierbei ist r_S der mittlere Abstand Erde–Sonne, mit $r_S/R_E = 23.480$. An den Punkten B und D herrscht entsprechend eine halb so große Druckspannung.

Die Gezeitenkraft der Sonne auf der Erde ist nur halb so stark wie die des Mondes, denn die viel größere Masse der Sonne wird durch den Effekt ihres größeren Abstands kompensiert. Es gilt:

$$\frac{F_T(Sonne)}{F_T(Mond)} = \frac{m_S}{m_M}\left(\frac{r_M}{r_S}\right)^3 = 0{,}46.$$

9.2 Ebbe und Flut bei Annahme eines globalen Ozeans

Die Gezeitenkräfte wirken sich auf die Wassermassen, Landmassen und die Lufthülle der Erde aus. Beginnen wir mit dem Mondeinfluss auf die Wassermassen und nehmen zunächst an, die Erde wäre von einem globalen Ozean bedeckt und würde nicht rotieren. Entsprechend dem Gezeitenkraftprofil von Abb. 9.3 entstehen auf diesem Weltmeer zwei etwa gleich große Flutberge, die sog. *Zenitflut* und *Nadirflut*, deren Gipfel sich an den mondzu- bzw. mondabgewandten Punkten der Erde befinden. Das ringförmige Tal zwischen den beiden Flutgipfeln ist die Ebbezone. Diese Deformation des Meeresspiegels dreht sich in einem siderischen Monat um die Erde.

Der *Tidenhub*, die Differenz zwischen dem Wasserstand bei Flut (*Hochwasser*) und bei Ebbe (*Niedrigwasser*), beträgt auf dem Weltmeer nur 0,6 m, ist also kaum messbar. Diese Zahl können wir mit einem einfachen Modell abschätzen: Wirksam für die Verschiebung der Wassermassen sind die Horizontalkomponenten der Gezeitenkräfte (parallel zur Oberfläche). An jedem Ort addieren sich die Gewichtskraft und die Horizontalkomponente zu einer Gesamtkraft, die nicht mehr exakt senkrecht zur Wasseroberfläche steht. Bei einer gemittelten, auf die Gewichtskraft bezogenen Horizontalkomponente von ca. $0{,}6 \cdot 10^{-7}$ erscheint die Oberfläche damit um diesen winzigen Winkel geneigt, und das Wasser hat das Bestreben, so lange „bergab" zu fließen, bis das Gefälle verschwunden ist. So entstehen die Flutberge. Der Tidenhub, dividiert durch die Distanz von der Ebbe- zur Flutregion, muss gleich diesem Winkel sein. Diese Distanz ist ein Viertel des Erdumfangs, also 10.000 km. Folglich beträgt der Tidenhub etwa $0{,}6 \cdot 10^{-7} \cdot 10.000 \text{ km} = 0{,}6 \text{ m}$.

Jetzt „schalten" wir die Erdrotation ein, sodass sich die Erde unter dem Ebbe-Flut-Profil hindurchdreht. An einem bestimmten Ort zieht damit innerhalb der *scheinbaren täglichen Umlaufzeit* des Mondes von im Mittel 24 h 50 min (Abschn. 8.1) zweimal ein Flutberg vorbei. Die Periode variiert allerdings, wie aus den Gezeitenkalendern ersichtlich, bis zu ±30 min. Die Zeit von einer Flut zur nächsten – auch *Tide* oder genauer *Mondtide* genannt – dauert im Mittel 12 h 25 min; von Flut bis Ebbe vergehen etwa 6¼ h.

Die „Auslenkung" der Wassermassen, also das Ebbe-Flut-Profil auf dem globalen Ozean, ist *mit* Erdrotation keineswegs ein direktes Abbild des anregenden Gezeitenkraftprofils. Die anregenden Kräfte erzeugen Strömungen und Schwingungen, diese erzeugen Reibung, und jede Reibung verursacht Verzögerung. Den globalen Ozean kann man sich als eine dünne Kugelschale vorstellen, welche eine Vielzahl von Eigenschwingungsmoden besitzt. Und da die anregenden Kräfte schnell variieren – am Äquator schneller (40.000 km/24 h 50 min = 1610 km/h) als bei höheren Breitengraden –, entsteht auf dem Ozean ein komplexes Strömungs- und Schwingungsmuster, bei dem etliche Schwingungsmoden der Kugelschale angeregt werden.

Die mondzu- und mondabgewandten Punkte A und C auf der Erde liegen stets in Äquatornähe (Abb. 9.3). Ihre Lage hängt von der Monddeklination ab, d. h. der Höhe des Mondes über dem Äquator, welche sich täglich deutlich ändert. Die Punkte A und C wandern deshalb nicht parallel zum Äquator um die Erde, sondern laufen im Monatsverlauf in engen Spiralen von Nord nach Süd und wieder zurück. Im Allgemeinen liegt also das Kraftprofil unsymmetrisch zum Äquator, z. B. Punkt A auf der Nordhalbkugel und Punkt C auf der Südhalbkugel, weshalb an allen Orten die beiden täglich zu beobachtenden Hoch- und Niedrigwasserstände sich voneinander unterscheiden.

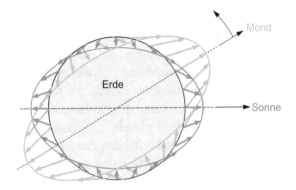

Abb. 9.4 Überlagerung der Gezeitenkräfte von Mond und Sonne. Das Muster wiederholt sich mit einem halben synodischen Monat

Da auf unserer höheren geographischen Breite – und erst recht in den Polregionen – der Mond nie senkrecht über oder unter uns steht, erreicht die Gezeitenkraft dort nie ihren Maximalwert. Sie ist umso größer, je größer der Absolutbetrag der Monddeklination ist.

Die Sonne hat eine etwa halb so große Gezeitenwirkung auf die Erde wie der Mond, und die Kraftprofile beider Gestirne überlagern sich, wie Abb. 9.4 zeigt. Liegen Sonne, Erde und Mond etwa auf einer Geraden – bei Vollmond oder Neumond –, so addieren sich die Gezeitenkräfte beider, und es entsteht ein besonders großer Tidenhub (*Springflut*). Bei Halbmond hingegen sind die beiden Kraftprofile um 90° gegeneinander verdreht, weshalb sich die Gezeitenkräfte am stärksten kompensieren und der Tidenhub am geringsten ausfällt (*Nippflut*).

Die sonnenbedingte Flut wiederholt sich mit einer Periode von 12 h, die mondbedingte aber mit 12 h 25 min; folglich entstehen Überlagerungsmuster von Flutwellen.

Insgesamt beeinflussen eine Reihe von astronomischen Zeitkonstanten Stärke und Zeitpunkt der Flut an einem bestimmten Ort. Folgende Perioden spielen eine Rolle: halbe scheinbare tägliche Umlaufzeit des Mondes (12 h 25 min – Dauer einer Tide), halber Sonnentag (12 h – Dauer einer Sonnen-Tide), halber siderischer Monat (13,66 Tage – Variation der Monddeklination und damit der Lage des Mondkraftprofils), halber synodischer Monat (14,77 Tage – Abstand der Springfluten), anomalistischer Monat (27,55 Tage – Variation des Mondabstands), halbes tropisches Jahr (182,62 Tage – Variation der Sonnendeklination und damit der Lage des Sonnenkraftprofils), Umlauf des Perigäums (8,85 Jahre – variiert die Extreme des Mondabstands) und Umlauf der Knotenlinie (18,61 Jahre – variiert die Extreme der Mond-deklination).

9.3 Ebbe und Flut bei der realen Wasser-/ Landverteilung

Noch komplizierter wird das Ebbe-Flut-Geschehen, wenn man die reale Wasser-/Landverteilung auf der Erde berücksichtigt. Die Flutwellen können nicht mehr ungestört die Erde umlaufen, da ihr die Kontinente den Weg versperren (außer an der Antarktis). In den großen Meeresbecken werden erzwungene Schwingungen angeregt, und an den Kontinentalrändern, in Meerengen und Buchten stauen sich die Flutberge zu Höhen auf, die den ohne Hindernisse geltenden Wert (0,6 m) um ein Vielfaches übersteigen können.

Die Atlantik-Gezeitenwellen erzeugen an der französischen Atlantikküste Tidenhübe von 7 m und 11,5 m in der Bucht von St. Malo (Normandie) im Ärmelkanal. An der Ostküste von Kanada liegt die Fundy Bay, eine mehrere 100 km lange Bucht, die in zwei schmale Arme ausläuft. In diesen Armen beträgt der Tidenhub 16 m und bei Springflut bis zu 21 m, welches die höchsten Tidenunterschiede der Welt sind. Diese Extremwerte entstehen aufgrund eines hier besonders ausgeprägten Resonanzeffektes. In der Fundy Bay benötigen Wasserwellen etwa 12,5 h, um einmal hin und zurück zu laufen. Mit jeder in die Bucht einlaufenden Gezeitenwelle aus dem Atlantik wird daher die Gezeitenwelle in der Bucht synchron verstärkt.

Die Gezeitenwellen in der Deutschen Bucht (Nordsee) sind nur Ausläufer der Atlantikwellen, wobei die *Kanalwelle* durch den Ärmelkanal in die Nordsee dringt und eine zweite, die *Shetlandwelle*, nördlich um Schottland herum die Nordsee erreicht. Der mittlere Tidenhub ist mit 3,7 m am höchsten bei Wilhelmshafen im Jadebusen, mit 1,6 m am Weststrand von List/Sylt am niedrigsten. Bei Helgoland beläuft er sich auf 2,4 m und auf der Elbe bei Hamburg, St. Pauli auf 3,5 m (www.bsh.de). Der relativ geringe Wert bei Sylt erklärt sich daraus, dass die beiden Wellen sich wegen ihrer unterschiedlichen Laufzeiten teilweise gegenseitig aufheben. An der norddänischen Küste gibt es deshalb so gut wie keine Gezeiten, und in der Ostsee sind die Pegeldifferenzen kleiner als 0,3 m. – Segelschiffe haben früher die Flutwellen ausgenutzt, um an Flüssen liegende Seehäfen zu erreichen, wie etwa Hamburg oder London.

Je nach geographischer Gegebenheit des Standorts sind die tatsächlichen Flutzeitpunkte gegenüber dem Meridiandurchgang des Mondes verzögert. In der Nordsee ist die Verspätung erheblich und beträgt bei Helgoland 10,5 h, also fast eine ganze Tide. Bezogen auf Helgoland erreicht die Flutwelle List/ Sylt nochmals 1,5 h später und Hamburg gar 5 h später!

Die Springtiden erreichen ihre Extremwerte gegenüber Voll-/Neumond mit noch größerer Verzögerung: 20 h bei Lissabon, 24 h bei Bergen und bei Gibraltar, 30 h bei Borkum und 36 h bei Hamburg. Die Springtide sollte nach einer einfachen Abschätzung (Abschn. 9.1) durch Addition des Mond- und Sonneneinflusses $1+0,46=1,46$-mal so hoch sein wie normal, die Nipptide hingegen nur $1-0,46=0,54$-mal so hoch. In Wirklichkeit sind die Unterschiede wegen der oben genannten Komplexität längst nicht so ausgeprägt: So misst man bei Helgoland Tidenhübe von ca. 2,8 m bei Springflut und 2,0 m bei Nippflut.

Fällt Voll- oder Neumond mit dem Perigäum zusammen, so fällt die Springtide noch höher aus: Der Mondanteil an der Gezeitenkraft erhöht sich auf das 1,25-fache; also ist dann rechnerisch die Springtide $1,25+0,46=1,71$-mal so hoch wie die normale Tide. Kommt dann noch ein Sturm von See dazu, so kann die *Sturmflut* verheerende Ausmaße annehmen.

Die Energie der Flutwellen wird durch *Gezeitenreibung* im Meer, am Meeresgrund und beim Anprall auf die Küsten in Wärme umgewandelt und damit der Rotationsenergie der Erde entzogen. Im Gezeitenkraftwerk von St. Malo wird diese Energie sogar zur Stromerzeugung genutzt: Die installierte Gesamtleistung beträgt dort 860 Megawatt (im Mittel 68 MW). Aber die uns so gewaltig erscheinende Energie der Flutwellen ist im Vergleich zur Rotationsenergie der Erde nur winzig klein. Die Erdrotation wird zwar unter anderem wegen der Gezeitenreibung immer langsamer, sodass die Tageslänge um 20 Mikrosekunden pro Jahr zunimmt (Abschn. 2.6); dies entspricht jedoch einer relativen Zunahme von nur $2 \cdot 10^{-10}$ jährlich!

Auch der **Erdkörper** wird durch die Gezeitenkräfte deformiert, und zwar sind es die *Vertikalkomponenten*, die die Erdoberfläche periodisch heben und senken. Der Tidenhub, der mit speziell ausgerüsteten Erdsatelliten vermessen wird, beträgt im Mittel 30 cm durch den Mond und 15 cm durch die Sonne, bei Voll-/Neumond demnach 45 cm. Die elastische Verformung des Erdkörpers ist damit ähnlich groß wie die der Wassermassen auf den offenen Weltmeeren (60 cm).

Schließlich gibt es auch einen Gezeiteneinfluss auf die **irdische Lufthülle.** Allerdings ist es äußerst schwierig, die atmosphärischen Gezeiten zu erfassen, da sie durch die von der Sonneneinstrahlung bewirkten täglichen Luftdruckschwankungen stark überlagert werden. Der „astronomische" Einfluss auf den Luftdruck beträgt maximal 0,1 mbar und ist damit ohne messbare Auswirkung auf das Wettergeschehen.

Literatur

Bundesamt für Seeschifffahrt und Hydrographie. www.bsh.de/de/Meeresdaten/Vorhersagen/Gezeiten/index.jsp. Zugegriffen: 1. Feb. 2013

Grehn J, Krause J (Hrsg) (2007) Metzler Physik. 4 Aufl. Schroedel, Hannover

Keller H-U (Hrsg) (2001) Kosmos Himmelsjahr 2002. Frankh-Kosmos-Verlag, Stuttgart. S. 159, Die Entstehung der Gezeiten

10

Finsternisse

Zum Thema Mondbewegung gehört auch die Betrachtung der Finsternisse (Zimmermann 1999; Voigt et al. 2012; Herrmann 2005). Durchläuft der Mond den Erdschatten, so haben wir eine Mondfinsternis. Bedeckt der Mond die Sonne, so erleben wir eine Sonnenfinsternis. Erstere erleben wir nachts, Letztere am helllichten Tag. Beide gehören zu den spektakulärsten Himmelsschauspielen, die früher oft mit schicksalhaften Ereignissen in Verbindung gebracht wurden.

10.1 Mondfinsternis

Bei einer Mondfinsternis wandert der Mond in den Kernschatten der Erde. Dies tritt ein, wenn Sonne, Erde und Mond etwa auf einer Geraden liegen. Dazu muss Vollmond herrschen und dieser sich in oder nahe einem Knoten seiner Bahn (Abschn. 5.3) befinden, damit er nicht ober- oder unterhalb des Kernschattens vorbeizieht. Die Verfinsterung kann von der gesamten dem Mond zugewandten Erdhälfte aus beobachtet werden.

Abbildung 10.1 zeigt die geometrischen Verhältnisse einer Mondfinsternis. Im Gebiet des Halbschattens wird die Sonne nur zum Teil abgeschattet und der Mond nur so wenig verdunkelt, dass man überhaupt nicht von einer Finsternis spricht. Taucht der Mond ganz oder teilweise in den *geometrischen Kernschatten* ein, so spricht man von einer *totalen* oder einer *partiellen Mondfinsternis*. Der Anblick des Erdschattens auf dem Mond – ein direktes „Abbild" unserer Erdkugel – lässt uns eindrucksvoll erkennen, wie klein unsere Lebensinsel im Weltall ist.

Die Grenze des Erdschattens auf dem Mond erscheint immer als Kreis, wohingegen wir die Schattengrenze der verschiedenen Mondphasen stets als Ellipsen sehen.

Die mittlere Länge des geometrischen Kernschattens folgt mit den Bezeichnungen aus Abb. 10.2 und dem Strahlensatz zu

$$\frac{L_{Ks}}{L_{Ks} + r_S} = \frac{R_E}{R_S}; \text{daraus wird } L_{Ks} = \frac{r_S R_E}{R_S - R_E} = 217\, R_E, \qquad (10.1)$$

© Springer-Verlag GmbH Deutschland, ein Teil von Springer Nature 2013
E. Kuphal, *Den Mond neu entdecken*,
https://doi.org/10.1007/978-3-642-37724-2_10

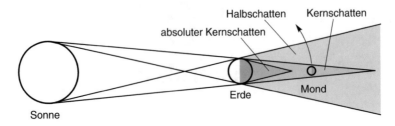

Abb. 10.1 Mondfinsternis (nicht maßstabsgetreu)

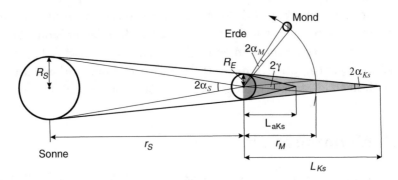

Abb. 10.2 Mondfinsternis mit geometrischen Bezeichnungen

mit r_S = Abstand Sonne–Erde und R_S = Sonnenradius. Entfernungen werden in diesem Kapitel stets auf den mittleren Erdradius R_E bezogen. Es gilt: r_S/R_E = 23.481 und R_S/R_E = 109,2. Der Kernschatten ist damit deutlich länger als die mittlere Monddistanz von 60,3 Erdradien.

Der Öffnungswinkel des Kernschattenkegels beträgt

$$2\alpha_{Ks} = 2\arctan(R_E/L_{Ks}) = 31,7'. \tag{10.2}$$

Der Kernschattenkegel ist allerdings nicht völlig dunkel, denn ein Teil des Sonnenlichts, das die Erdatmosphäre durchdringt, wird durch Brechung in diesen Bereich hineingelenkt. Dies sind Sonnenstrahlen, die bis zur doppelten Horizontrefraktion (Abschn. 8.1) von $2 \cdot 35'$ abgelenkt wurden. Der Kegel des verbleibenden *absoluten Kernschattens*, in den gar kein Sonnenlicht dringt, hat somit einen Öffnungswinkel von $31,7' + 4 \cdot 35' \approx 172'$. Seine Länge vom Erdmittelpunkt ist

$$L_{aKs} = R_E/\tan(172'/2) = 40R_E.$$

Abb. 10.3 Totale Mondfinsternis vom 9. November 2003. Da der Mond in diesem Fall nur durch den Randbereich des Kernschattens lief, erschien er ungleichmäßig abgedunkelt. (© Oliver Stein. Creative Commons Attribution-Share Alike 3.0 unported)

Der Mond befindet sich folglich immer außerhalb des absoluten Kernschattens, weshalb er nie völlig abgedunkelt wird. Er erscheint bei Mondfinsternis rot gefärbt, was daher rührt, dass der rote Anteil des Sonnenlichts in der Erdatmosphäre weniger stark gestreut wird als der blaue Anteil und deshalb bevorzugt in den geometrischen Kernschatten gelangt. (Der stark gestreute blaue Anteil erzeugt unser Himmelsblau.) Der Kernschattenkegel ist auf der Achse am dunkelsten und zum Rand hin heller, weshalb der Mond auch während einer totalen Mondfinsternis nicht gleichmäßig dunkel erscheint (Abb. 10.3).

Seine Farbe kann bei totaler Mondfinsternis von hell kupferrot über tiefrot bis fast unsichtbar dunkel reichen. Diese Helligkeitsunterschiede liefern einen Hinweis auf die Verschmutzung der Atmosphäre: So zeigte sich die Mondfinsternis nach großen Vulkanausbrüchen (Krakatau 1883, Mount St. Helen 1980 und Pinatubo 1991) dunkler bis unsichtbar wegen des hohen Aschegehalts in der Atmosphäre.

Tab. 10.1 Dauer von Mondfinsternissen

	Perigäum	Mittlerer Abstand	Apogäum
totale Finsternis	1 h 49 min	1 h 41 min	1 h 33 min
Gesamtfinsternis	3 h 32 min	3 h 43 min	4 h 00 min

Markante, gut messbare Zeitpunkte im Verlauf einer Mondfinsternis sind der Eintritt des Mondes in den Kernschatten, der Beginn sowie das Ende der totalen Verfinsterung und der Austritt aus dem Kernschatten. Diese *Kontaktzeiten* sind von der Erdrotation unabhängig und daher ortsunabhängige Zeitpunkte. Sie wurden bis ins 18. Jahrhundert zum präzisen Zeitabgleich benutzt und hatten für die Bestimmung der geographischen Länge große Bedeutung, bevor genügend genaue mechanische Uhren zur Verfügung standen (Abschn. 1.6).

Im Folgenden wollen wir die Dauer einer Mondfinsternis bestimmen:

Der mittlere Winkelradius γ des Kernschattens in der Mondentfernung r_M ergibt sich nach Abb. 10.2 zu

$$\tan \gamma = \frac{R_E(L_{Ks} - r_M)}{r_M L_{Ks}}; \text{ damit wird } \gamma = 41{,}2'. \qquad (10.3)$$

Der mittlere geozentrische Winkelradius des Mondes ist $\alpha_M = R_M/r_M = 15{,}54'$.

Damit ist der Durchmesser des Kernschattens in Mondentfernung $\gamma/\alpha_M = 2{,}65$-mal so groß wie der Monddurchmesser.

Die mittlere Winkelgeschwindigkeit des Mondes (relativ zu dem sich mit der Erde um die Sonne drehenden Erdschatten) beträgt $\dot\varphi = 360°/T_{syn} = 30{,}48'/h$. Dabei ist $T_{syn} = 29{,}53$ Tage die synodische Monatslänge, mit der sich die Neu- und Vollmonde wiederholen.

Die Dauer der totalen Finsternis ist: $2(\gamma - \alpha_M)/\dot\varphi$. $\qquad (10.4)$

Die Dauer der Gesamtfinsternis ist: $2(\gamma + \alpha_M)/\dot\varphi$. $\qquad (10.5)$

Die Gesamtfinsternis setzt sich aus der totalen und den beiden partiellen Phasen zusammen. Hiermit erhält man als Dauer der Mondfinsternis bei mittlerem Mondabstand, im Perigäum (Erdnähe) sowie im Apogäum (Erdferne) die in Tab. 10.1 angegebenen Werte.

Vom Mondabstand hängen sowohl γ, α_M als auch φ (siehe Gl. 6.28) ab. Die Tabelle gibt jeweils die maximale Dauer einer Mondfinsternis an, die

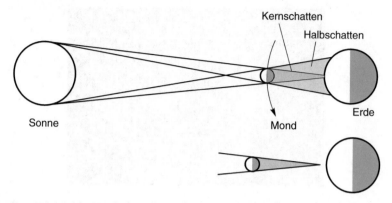

Abb. 10.4 Sonnenfinsternis (nicht maßstabsgetreu). *Oben:* Mond in Erdnähe (totale Finsternis). *Unten:* Mond in Erdferne (ringförmige Finsternis)

zutrifft, wenn der Mond den Kernschatten zentral durchläuft, d. h. der Vollmond sich exakt in einem Knoten befindet. Bei nicht zentralem Durchlauf ist die Mondfinsternis kürzer.

10.2 Sonnenfinsternis

Eine Sonnenfinsternis ist eigentlich eine Sternbedeckung durch den Mond. Hier wird die Sonne durch den Mond abgedeckt, und der Mond wirft einen Kernschatten und einen Halbschatten auf die Erde (Abb. 10.4). Dazu muss Neumond herrschen und dieser sich in Knotennähe befinden. Bei mittlerer Mondentfernung ist der von der Erdoberfläche gemessene Winkeldurchmesser des Mondes von $2R_M/(r_M - R_E) = 31{,}63'$ etwas kleiner als der der Sonne ($2R_S/r_S = 31{,}99'$), sodass der Kernschatten des Mondes nicht ganz bis zur Erde reicht. Der Mond deckt dann die Sonne nicht vollständig ab und man sieht eine *ringförmige Sonnenfinsternis*. Befindet sich der Mond mehr in Erdnähe, so beobachtet man im Kernschatten eine *totale Sonnenfinsternis*. Infolge der Erdkrümmung kann eine Sonnenfinsternis anfangs total, später ringförmig (oder umgekehrt) sein; man nennt sie dann *ringförmig-total*. Bei einer *partiellen Sonnenfinsternis* wird nur ein Teil der Sonnenscheibe durch den Neumond verdeckt. Der Beobachter steht dabei im Halbschatten des Mondes. Abb. 10.5 zeigt eine totale Sonnenfinsternis.

Der Kernschattendurchmesser d_{Ks} auf der Erde ergibt sich aus den beteiligten Entfernungen bei senkrechter Inzidenz (senkrechtem Lichteinfall) zu

$$d_{Ks} = 2\frac{R_M r_S - R_S(r_M - R_E)}{r_S - r_M}.$$

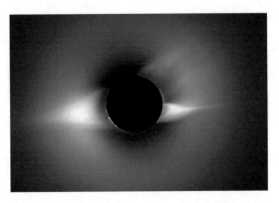

Abb. 10.5 Totale Sonnenfinsternis vom 3. November 1994 über Chile. Am Sonnen-
rand beobachtet man die äußere Sonnenatmosphäre (*Korona*) und die weit in den
Weltraum hinausreichenden Eruptionen (*Protuberanzen*). (© High Altitude Observa-
tory, NCAR, Boulder, Colorado)

Seinen Maximalwert erreicht d_{Ks}, wenn der Mond sich im Perigäum und die
Erde im Aphel (Sonnenferne) befindet. Mit den Zahlenwerten aus Anhang 2
wird $d_{Ks} \leq 277$ km.

Im Gegensatz zur Mondfinsternis ist eine totale Sonnenfinsternis also ein
lokal sehr begrenztes Ereignis, weshalb sie für den ortsgebundenen Beobachter sehr selten stattzufinden scheint. Wer das Glück hat, eine totale Sonnenfinsternis zu erleben, kann beobachten, dass es auf der Erde kurzzeitig dunkel wird und sogar die Temperatur etwas sinkt. Am Himmel leuchten Sterne
auf, sodass die Sonnenposition im Tierkreis direkt bestimmt werden kann.
Dieses Himmelsschauspiel hat der Dichter *Adalbert Stifter* (1805–1868) an-
lässlich der totalen Sonnenfinsternis bei Wien vom 8. Juli 1842 eindrücklich
beschrieben (Stifter 1991).

Der Halbschattendurchmesser d_{Hs} auf der Erde: Für diesen gilt bei mittlerer Mond- und Sonnenentfernung:

$$d_{Hs} = 2\frac{R_M r_S + R_S(r_M - R_E)}{r_S - r_M} = 7011 \text{ km}.$$

Die Extremwerte betragen 6691 km bei minimaler Mond- und maximaler
Sonnenentfernung und 7287 km im umgekehrten Fall. Eine partielle Sonnenfinsternis kann folglich aus dem großen Gebiet des Halbschattens gesehen
werden. Je weiter man von der Totalitätszone entfernt ist, umso weniger sieht
man die Sonnenscheibe durch den Mond verdeckt.

Der Mondschatten zieht von Anfang bis Ende der Sonnenfinsternis eine
schnelle Bahn über die Erde, die vorwiegend in östlicher Richtung verläuft.

Diese Bahn kann unter Umständen mit Sonnenaufgang beginnen bzw. bei Sonnenuntergang abbrechen.

Die Geschwindigkeit v_{Ks} des Kernschattens an einem Ort ist gegeben durch die Schattengeschwindigkeit v_{Sch} auf der Erde, vermindert um die Umfangsgeschwindigkeit v_U der Erde an diesem Ort.

Die Schattengeschwindigkeit ist wegen der relativen Nähe des Mondes zur Erde bis auf den Faktor $r_S/(r_S - r_M) = 1{,}003$ gleich der Umlaufgeschwindigkeit des Mondes

$$v_{Sch} \approx 2\pi(r_M - 0{,}7R_E)/T_{syn} = 0{,}94 \text{ km/s},$$

wobei wieder senkrechte Inzidenz des Schattens angenommen wird. Die gemeinsame Bewegung von Erde und Mond um die Sonne wird durch die synodische Umlaufzeit des Mondes berücksichtigt. Der Term $0{,}7\,R_E$ trägt der Drehung des Mondes um den gemeinsamen Schwerpunkt Rechnung. Bedenken wir noch, dass für eine totale Sonnenfinsternis der Mond mehr in Erdnähe stehen muss und seine Geschwindigkeit deshalb bis zu 1,055-mal so hoch wie die mittlere ist, so wird $v_{Sch} \approx 1{,}0$ km/s.

Die Umfangsgeschwindigkeit der Erde am Ort des Beobachters ist

$$v_U = \frac{2\pi \cdot R_{\ddot{A}qu}}{24h}\cos\varphi = 0{,}46 \cdot \cos\varphi (km/s)$$

und verläuft von West nach Ost (W → O). (φ ist die geographische Breite.) v_{Sch} und v_U verlaufen aber nicht ganz parallel, sind also vektoriell voneinander zu subtrahieren. Die Mondbahn bei Voll- und Neumond ist z. B. zu den Solstitien (Mittsommer- und Mittwintertag) um nur ±5,1° gegen die W-O-Richtung geneigt, zu den Äquinoktien (Tag-und-Nacht-Gleiche) hingegen um ±23,5°±5,1°.

Die längstmögliche Dauer der Totalität tritt ein, wenn der Schattendurchmesser am größten und die Schattengeschwindigkeit am kleinsten ist. Dies ist der Fall, wenn der Mond sich in Erdnähe befindet, die Erde aber in Sonnenferne (Anfang Juli) und die Sonnenfinsternis in Äquatornähe um die Mittagszeit (senkrechte Inzidenz) zu den Solstitien stattfindet:

$$v_{Ks} \approx v_{Sch} - v_U \approx (1{,}0 - 0{,}46)\,km/s = 0{,}54\,km/s.$$

Die Totalität dauert nach dieser einfachen Abschätzung maximal ≈ 277 km/(0,54 km/s) = 8,5 min. Der Literaturwert ist 7,6 min (Voigt et al. 2012); doch wird dieser Grenzwert praktisch nie erreicht, und eine Dauer über 7 min ist schon sehr selten.

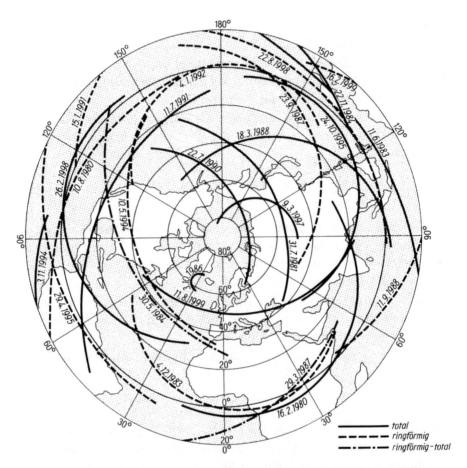

Abb. 10.6 Totalitätszonen einiger Sonnenfinsternisse zwischen 1980 und 2000

Abbildung 10.6 zeigt den Verlauf der Totalitätszonen einiger Sonnenfinsternisse, vorwiegend auf der Nordhalbkugel, zwischen 1980 und 2000. Man erkennt die ungefähre W-O-Richtung der Schattenbahnen.

Die jüngste **totale Sonnenfinsternis über Deutschland** vom *11. August 1999*, die von Nordfrankreich über Saarbrücken, Stuttgart und München in Richtung Iran verlief (Keller 1998), hat vermutlich mehr Menschen fasziniert als irgendein anderes astronomisches Ereignis je zuvor. Zu Millionen fuhren die Schaulustigen in die Totalitätszone, um die einzige totale Sonnenfinsternis über Deutschland im 20. Jahrhundert zu erleben. Leider war das Wetter vorwiegend bewölkt, sodass man nur mit Glück die totale Phase beobachten konnte. Der Korridor der Totalität war nur 109 km breit, da der Mond das Perigäum bereits drei Tage zuvor durchlaufen hatte. Der elliptisch verformte Kernschatten fuhr mit 0,74 km/s über das Land. Die totale Phase dauerte 2 min 17 s und die erste und die letzte partielle Phase jeweils 80 min. Ins-

Abb. 10.7 Mondschatten der Sonnenfinsternis vom 11. August 1999, aufgenommen vom Raumschiff *Mir* 400 km hoch über der Erde, während Deutschland überwiegend bewölkt ist. (© CNES)

gesamt waren längs der Kernschattenbahn nur 0,2 % der Erdoberfläche verfinstert, hingegen überstrich der Halbschatten des Mondes (partielle Sonnenfinsternis) einen Gutteil der nördlichen Hemisphäre. Abbildung 10.7 zeigt den Kernschatten dieser Sonnenfinsternis, fotografiert aus dem Weltraum.

Die letzte totale Sonnenfinsternis davor, am *19. August 1887*, konnte leider wegen Bewölkung nicht beobachtet werden. Zukünftige totale Sonnenfinsternisse werden in Deutschland erst wieder am *3. September 2081* am Bodensee und am *7. Oktober 2135* über Nordwest- und Mitteldeutschland zu beobachten sein. Die nächste ringförmige Sonnenfinsternis findet am *23. Juli 2093* über Nord- und Mitteldeutschland statt.

10.3 Häufigkeit und Vorausberechnung von Finsternissen

In allen antiken Hochkulturen war die Vorhersage von Finsternissen von großer Bedeutung. Geschah dies damals empirisch aufgrund jahrhundertelanger Beobachtungen, so können wir heute die genauen Bahnen von Mond und Erde und damit die Finsternisse gut vorausberechnen. Finsternisse können nur stattfinden, wenn Voll- oder Neumond herrscht und der auf- oder absteigende Knoten der Mondbahn ungefähr auf der Verbindungslinie Erde–Sonne

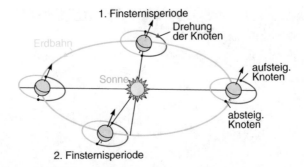

Abb. 10.8 Entstehung der Finsternisperioden im Abstand von einem halben Finsternisjahr (173,3 Tage). Die Knoten drehen sich rückläufig

liegt. Wegen der Drehung der Erde um die Sonne und der Rückwärtsdrehung der Knotenlinie mit einer Periode von 18,61 Jahren ist dies jedes knappe halbe Jahr erfüllt, zwischenzeitlich jedoch nicht (Abb. 10.8). Die Zeitspanne zwischen zwei Durchgängen desselben Mondknotens durch die Richtung Erde–Sonne heißt *Finsternisjahr* und ergibt sich aus

$$\frac{1}{T_F} = \frac{1}{1a} + \frac{1}{18,61a} \text{ oder auch } \frac{1}{T_F} = \frac{1}{T_{drak}} - \frac{1}{T_{syn}}$$

zu T_F=346,6 Tagen.

Im Abstand eines *halben Finsternisjahres* von 173,3 Tagen findet jeweils eine *Finsternisperiode* statt, die, wie wir im Folgenden sehen werden, bis zu drei Finsternisse im Abstand von einem halben Monat enthalten kann.

Das halbe Finsternisjahr ist um vier Tage kürzer als sechs synodische Monate ($6T_{syn}$=177,2 Tage). Wegen der Ausdehnung der drei Himmelskörper muss sich aber der Mond bei Voll- oder Neumond nicht exakt in einem Knoten befinden, damit es zu einer Finsternis kommt. Ausgehend von der letzten Sonnen- oder Mondfinsternis einer Finsternisperiode werden nach fünf, fünfeinhalb oder sechs synodischen Monaten in der nächsten Finsternisperiode wieder eine oder mehrere Finsternisse stattfinden. Im Folgenden wird die erlaubte Abweichung vom Knoten berechnet, bei der gerade noch eine Finsternis stattfindet. Partielle Finsternisse werden mitgezählt.

Beginnen wir mit der Mondfinsternis: Für die ekliptikale Breite β gilt

bei totaler Mondfinsternis: $\beta < (\gamma - \alpha_M) = 41,2' - 15,5' = 25,7'$,
bei partieller Mondfinsternis: $\beta < (\gamma + \alpha_M) = 56,7'$.

γ ist der Winkelradius des Kernschattenkegels in Vollmondentfernung nach Gl. (10.3). Den zugehörigen Abstand $\Delta\lambda$ der ekliptikalen Länge des Mondes

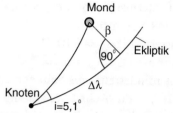

Abb. 10.9 Abstand des Mondes vom Bahnknoten (sphärisches Dreieck)

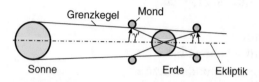

Abb. 10.10 Größte ekliptikale Breite des Mondes, bei der gerade noch eine Finsternis stattfindet. Die Zeichenebene entspricht einer Ebene senkrecht zur Ekliptik durch den Sonnen- und den Erdmittelpunkt. Der Winkelradius des Grenzkegels ist in Neumond-entfernung größer als in Vollmondentfernung ($\gamma' > \gamma$).

vom Knoten erhält man aus β und der Bahnneigung $i=5,1°$ mittels sphärischer Trigonometrie (Abb. 10.9) zu $\sin\Delta\lambda = \tan(\beta)/\tan(i)$.

Somit ist der maximale Knotenabstand

bei totaler Mondfinsternis: $\Delta\lambda_{max} = \pm 4,8°$,

bei partieller Mondfinsternis: $\Delta\lambda_{max} = \pm 10,7°$.

Da die Sonne durchschnittlich um $360°/365,2422\ d = 0,986°$ pro Tag auf der Ekliptik voranschreitet, nimmt die ekliptikale Länge des Mondes im Mittel um $0,986° \cdot T_{syn} = 29,1°$ pro synodischem Monat zu. In dieser Zeit nimmt aber die Länge des Knotens um $360° \cdot T_{syn}/18,61\ a = 1,6°$ ab, sodass der Knotenabstand $\Delta\lambda$ um $30,7°$ pro T_{syn} zunimmt.

Das bedeutet: Es gibt entweder *eine* Mondfinsternis pro Finsternisperiode (z. B. bei $\Delta\lambda = -8°$, dann nächster Vollmond bei $+22,7°$) oder *keine* Mondfinsternis (z. B. Vollmond bei $-15°$, dann nächster Vollmond bei $+15,7°$).

Bei der Sonnenfinsternis gehen wir nach der gleichen Überlegung vor:

Der Winkelradius γ' des *Grenzkegels* in Neumondentfernung ist nach Abb. 10.10

$$\tan\gamma' = \frac{R_E(L_{Ks} + r_M)}{r_M L_{Ks}} = 0,0212; \text{ damit wird } \gamma' = 72,8' \tag{10.6}$$

Für die ekliptikale Breite β gilt

bei totaler Sonnenfinsternis: $\beta < (\gamma' - \alpha_M) = 57,3'$

bei partieller Sonnenfinsternis: $\beta < (\gamma' + \alpha_M) = 88{,}4'$.

Somit ist der maximale Knotenabstand

bei totaler Sonnenfinsternis: $\Delta\lambda_{max} = \pm 10{,}8°$,

bei partieller Sonnenfinsternis: $\Delta\lambda_{max} = \pm 16{,}7°$.

Das bedeutet: Es gibt mindestens *eine* Sonnenfinsternis pro Finsternisperiode (z. B. bei $\Delta\lambda = -10°$, dann nächster Neumond bei $+20{,}7°$) oder sogar *zwei* Sonnenfinsternisse (z. B. bei $-15°$, dann nächster Neumond bei $+15{,}7°$).

In einer Finsternisperiode sind demnach eine bis drei Finsternisse in folgenden Kombinationen möglich:

- Sonnenfinsternis
- Mondfinsternis – Sonnenfinsternis
- Sonnenfinsternis – Mondfinsternis
- Sonnenfinsternis – Mondfinsternis – Sonnenfinsternis

Im langfristigen Mittel sind Sonnenfinsternisse (S.) häufiger als Mondfinsternisse (M.). Der anschauliche Grund dafür ist nach Abb. 10.10, dass der von der Erde aus gesehene Winkelradius des Grenzkegels auf der Neumondseite größer ist als auf der Vollmondseite ($\gamma' > \gamma$). Man erhält:

$$\frac{Zahl\ der\ S.}{Zahl\ der\ M.} = \frac{\Delta\lambda_{max}(S.)}{\Delta\lambda_{max}(M.)} = \frac{16{,}7°}{10{,}7°} = 1{,}56$$

oder auch durch Einsetzen der Winkel nach den Gl. (10.3) und (10.6):

$$\frac{Zahl\ der\ S.}{Zahl\ der\ M.} = \frac{\gamma' + \alpha_M}{\gamma + \alpha_M} = \frac{L_{Ks} + r_M + L_{Ks}R_M/R_E}{L_{Ks} - r_M + L_{Ks}R_M/R_E} = 1{,}56.$$

In 1000 Jahren gibt es im Mittel 2375 Sonnenfinsternisse (davon 659 totale und 773 ringförmige) und 1534 Mondfinsternisse (davon 716 totale).

Abbildung 10.11 zeigt die Zeitpunkte aller Sonnen- und Mondfinsternisse in den Jahren 1989 bis 2011. Man erkennt die Finsternisperioden von 173,3 Tagen Abstand. In günstigen Fällen finden sogar drei Perioden pro Jahr statt: die erste im Januar, die übernächste noch im Dezember desselben Jahres, wie etwa im Jahre 2000. Es gibt mindestens zwei Sonnenfinsternisse pro Jahr, in manchen Jahren (z. B. 2002) aber gar keine Mondfinsternis.

Ohne die Knotenabstände von Finsternissen zu kennen, kann man diese jedoch bei einer Finsternisperiode mit drei Finsternissen abschätzen und daraus die Gestalt vorhergehender oder nachfolgender Finsternisperioden berechnen. Bei einer solchen Dreierperiode kann nämlich nur die Kombination *partielle Sonnenfinsternis – totale Mondfinsternis – partielle Sonnenfinsternis*

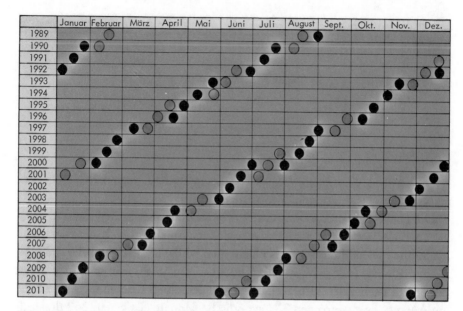

Abb. 10.11 50 Sonnenfinsternisse (schwarze Punkte) und 35 Mondfinsternisse (rote Punkte) in den Jahren 1989 bis 2011. Partielle Finsternisse sind mitgezählt. (Aus: Joachim Herrmann: dtv-Atlas Astronomie. Grafiken von Harald und Ruth Bukor. © 1973 Deutscher Taschenbuch Verlag, München)

auftreten, denn die Knotenabstände müssen in diesem Fall etwa die Werte $-15°$, $0°$ und $+15°$ aufweisen. Nach Abb. 10.11 fanden Dreierperioden im Juli 2000 und im Juni 2011 statt. Ausgehend von derjenigen im Juli 2000 wollen wir als Beispiel die Gestalt der darauffolgenden Finsternisperiode errechnen: Nach der Sonnenfinsternis am 31. Juli folgt am 25. Dezember eine Sonnenfinsternis, die wegen $\Delta\lambda = 15° + 5 \cdot 30{,}7° - 180° = -11{,}5°$ ebenfalls partiell sein muss. Am 9. Januar 2001 folgt dann ausgehend von der Mondfinsternis am 16. Juli nochmals eine totale Mondfinsternis mit dem Knotenabstand $\Delta\lambda = 6 \cdot 30{,}7° - 180° = 4{,}2°$. Die Kalenderdaten erhält man durch Hinzuzählen der entsprechenden Vielfachen von T_{syn}.

Tabelle 10.2 gibt die in Deutschland zu beobachtenden Mondfinsternisse von 2011 bis 2018 an.

10.4 Die Sarosperiode

Sonnen- und Mondfinsternisse wiederholen sich in (fast) gleicher Weise nach jeweils 18 Kalenderjahren und 10⅓ Tagen (bei fünf Schaltjahren) bzw. 11⅓ Tagen (bei vier Schaltjahren). Dieser Zeitraum wird *Sarosperiode* oder *Saros-*

Tab. 10.2 Mondfinster-	Datum	Art der Mondfinsternis
nisse 2011 bis 2018	15.06.2011	total
	25.04.2013	partiell
	28.09.2015	total
	07.08.2017	partiell
	27.07.2018	total

zyklus genannt. Den Namen Saros hat der englische Astronom *Edmond Halley*, ausgehend von einem babylonischen Begriff, eingeführt.

Die Länge der Sarosperiode erhält man aus der Überlegung, dass ein ganzzahliges Vielfaches des synodischen Monats (mit dem sich die Neu- und Vollmonde wiederholen) gleich einem ganzzahligen Vielfachen des drakonitischen Monats (mit dem sich die Knoten wiederholen) sein muss. Dann hat der Mond nach einer Sarosperiode wieder denselben Knotenabstand $\Delta\lambda$ wie am Anfang. Es entsprechen 223 synodische Monate fast genau 242 drakonitischen Monaten:

$$223 \cdot T_{syn} = 223 \cdot 29{,}5306\,d = 6585{,}32\,d$$

$$242 \cdot T_{drak} = 242 \cdot 27{,}2122\,d = 6585{,}35\,d \approx 18{,}03\,a.$$

Ein Blick auf Abb. 10.11 zeigt, dass sich die Abfolge der Sonnen- und Mondfinsternisse in der Tat nach 18,03 Jahren wiederholt, z. B. zwischen Januar 1991 und Januar 2009.

Eine Sarosperiode enthält 38 Finsternisperioden: $38 \cdot 173{,}3$ d$=6585{,}4$ d, wie man auch durch Abzählen in Abb. 10.11 bestätigen kann.

Ferner ist die Sarosperiode fast gleich einem Vielfachen des anomalistischen Monats:

$$239 \cdot T_{anom} = 239 \cdot 27{,}5546\,d = 6585{,}55\,d.$$

Somit befindet sich der Mond fast wieder am gleichen Ort seiner Ellipsenbahn, und sein Abstand zur Erde ist wieder derselbe.

Allerdings stimmen nach einer Sarosperiode die Tageszeit um einen drittel Tag und die Jahreszeit (Stellung der Erdachse) um elf Tage nicht überein. Man erkennt das in Abb. 10.6, wo die beiden totalen Sonnenfinsternisse vom 31. Juli 1981 und 11. August 1999, die sich um genau eine Sarosperiode unterscheiden, nicht dieselbe Schattenbahn auf der Erde erzeugen.

Die ungefähre Übereinstimmung der Sarosperiode mit der Umlaufperiode der Knoten von 18,61 Jahren und dem Meton'schen Zyklus von 19 Jahren (Abschn. 1.3) ist zufällig!

10.5 Bestimmung der Mond- und Sonnendistanz aus Finsternissen

Kommen wir noch einmal auf die Bestimmung der Mond- und Sonnendistanz in der Antike zurück, die für die damalige Kosmologie von großer Bedeutung war.

Zum einen lässt sich das Verhältnis von Sonnen- zu Monddistanz r_S/r_M aus einer Sonnenfinsternis bestimmen, wenn man sie von zwei verschiedenen Orten aus beobachtet. Dieses Verfahren ist wesentlich genauer als die Methode des Aristarchos mit dem Halbmond (Abb. 1.3). Aus verschiedenen fragmentarischen Quellen kann man entnehmen, dass Hipparchos (um 190–120 v. Chr.) die Sonnenfinsternis vom 15. August 310 v. Chr. ausgewertet hat, die vor seiner Zeit lag. Sie war am Hellespont als totale, in Alexandria nur als partielle Finsternis beobachtet worden. Mit der Differenz der beiden geographischen Breiten und dem Unterschied des Verfinsterungsgrades (1/5) des scheinbaren Sonnendurchmessers standen zwei Daten zur Verfügung, aus denen er r_S/r_M ermitteln konnte (Hinderer 1977).

Zum anderen benutzten Aristarchos und nach ihm Hipparchos die Dauer der totalen Mondfinsternis, um daraus die Monddistanz zu bestimmen. Die Idee war genial und einfach: Je weiter der Mond von uns entfernt ist, umso enger ist der Kernschattenkegel dort, wo der Mond ihn durchläuft, und umso kürzer dauert folglich die Totalität (Abb. 10.2). Die Monddistanz r_M folgt aus den Gl. (10.1) bis (10.4). Diese kann man so umformen, dass daraus *eine* Gleichung entsteht. Dazu benutzen wir anstatt der Sonnendistanz r_S und der Monddistanz r_M die dazu reziproken Größen der Sonnen- und Mondparallaxe. Es gilt:

Sonnenparallaxe: $\sin p_S = R_E/r_S \approx p_S$,
Mondparallaxe: $\sin p_M = R_E/r_M \approx p_M$.

Die Länge des Kernschattenkegels nach Gl. (10.1) lässt sich somit schreiben als:

$$L_{Ks} = \frac{r_S R_E}{R_S - R_E} = \frac{R_E}{\alpha_S - p_S}. \qquad (10.7)$$

Nach dem Strahlensatz gilt außerdem:

$$\frac{R_E}{L_{Ks}} = \frac{r_M \cdot \tan\gamma}{L_{Ks} - r_M} \approx \frac{r_M \cdot \gamma}{L_{Ks} - r_M}.$$

Umformen liefert:

$$L_{Ks} = \frac{r_M \cdot R_E}{R_E - r_M \cdot \gamma} = \frac{R_E}{p_M - \gamma}. \tag{10.8}$$

Gleichsetzen von (10.7) mit (10.8) ergibt schließlich die einfache Formel

$$p_S + p_M = \alpha_S + \gamma. \tag{10.9}$$

In Worten: Die Summe der Sonnen- und Mondparallaxen ist gleich der Summe des Winkelradius der Sonne und des Winkelradius des Erdschattens in Mondentfernung.

In dieser Gleichung können wir p_S wegen $p_S \ll p_M$ vernachlässigen. Dies ist gleichbedeutend mit der Näherung $\alpha_S = \alpha_{KS}$ in Abb. 10.2, die wegen $r_S \gg r_M$ gilt. Die Mondparallaxe erhält man dann aus einer Messung des Winkelradius der Sonne α_S und des Winkels γ. Letzterer ergibt sich aus der Dauer einer totalen Mondfinsternis, bezogen auf die Länge eines synodischen Monats, sowie des Winkelradius des Mondes α_M. Hipparchos verwendete neben dieser Methode noch die in Abschn. 7.3 beschriebene *tägliche Parallaxe*, um die Mondparallaxe zu bestimmen.

Mittels der auf diese Weise gewonnenen Monddistanz und r_S/r_M aus der Sonnenfinsternis erhielt er die Sonnendistanz zu $r_S = 2490$ Erdradien (wahrer Wert: 23.481 Erdradien).

Im Prinzip könnte man aus Gl. (10.9) sogar die Sonnenparallaxe ermitteln, aber dieser Weg ist nicht gangbar, da diese nur 1/389 der Mondparallaxe beträgt und die Gleichung die Summe der beiden Größen enthält.

Einsetzen moderner Zahlenwerte liefert:

$$P_S + P_M = 8{,}794'' + 3422{,}6'' = 3431{,}4'' \quad \text{und}$$
$$\alpha_S + \gamma = 959{,}6'' + 2471{,}4'' = 3431{,}0''.$$

Literatur

Herrmann J (2005) dtv-Atlas Astronomie. Deutscher Taschenbuch Verlag, München

Hinderer F (1977) Hipparch. In: Fassmann K (Hrsg) Die Großen. Leben und Leistung der sechshundert bedeutendsten Persönlichkeiten unserer Welt. Kindler, Zürich, S 798–819

Keller H-U (Hrsg) (1998) Kosmos Himmelsjahr 1999. Frankh-Kosmos-Verlag, Stuttgart. S 151, Im Schatten des Mondes – die totale Sonnenfinsternis vom 11. Aug. 1999

Stifter A (1991) Wien / Die Sonnenfinsternis. Reclam Philipp Jun. Verlag

Voigt HH, Röser H-J, Tscharnuter W (Hrsg) (2012) Abriss der Astronomie. 6. Aufl. Wiley-VCH, Weinheim

Zimmermann H, Weigert A (1999) Lexikon der Astronomie. Spektrum Akademischer Verlag, Heidelberg

11

Bahnstörungen

11.1 Woher rühren die Störungen der Mondbahn?

Unter *Bahnstörungen* versteht man alle Abweichungen der realen Mondbahn von einer reinen Kepler-Ellipse. Die Kepler'schen Gesetze gelten für die Bahn eines Satelliten im Schwerefeld eines Zentralgestirns ohne den Einfluss weiterer Gestirne (Zweikörperproblem). Daher zählt die Große Ungleichheit oder Mittelpunktsgleichung (Gl. 7.1) nicht zu den Bahnstörungen. Wir erinnern uns, dass die Große Ungleichheit eine periodische Winkelabweichung zwischen „wahrer" und „mittlerer" Mondposition nach dem 2. Kepler'schen Gesetz ist. Sie erreicht ihren Maximalwert von $\pm 6,29°$ in der Mitte zwischen den Extrempunkten der Ellipsenbahn. Die Extrempunkte (Apsiden) sind das Perigäum (Erdnähe) und Apogäum (Erdferne), und der „mittlere" Mond ist ein gedachter mit konstanter Winkelgeschwindigkeit umlaufender Mond.

Nach den Kepler'schen Gesetzen bewegt sich der Satellit immer auf derselben Ellipsenbahn, die die Raumrichtung, die sie ursprünglich hatte, für alle Zeit beibehält.

Nun wissen wir aber, dass die reale Mondbahnebene eine Kreiselbewegung vollführt, sodass die Bahnknoten rückläufig wandern und die Apsiden nicht stillstehen, sondern sich im Mittel rechtläufig drehen. Auch ist die Exzentrizität, und damit verknüpft die Perigäums- und Apogäumsabstände, erheblichen Schwankungen unterworfen. Die Mondbahnellipse hat also weder eine unveränderliche Form, noch steht sie fest im Raum.

Auch können wir uns leicht davon überzeugen, dass die Mondbahn mit dem (korrigierten) 3. Kepler'schen Gesetz, welches die große Halbachse a der Bahnellipse mit der siderischen Umlaufzeit T_{sid} verknüpft, nicht exakt übereinstimmt. Setzen wir nämlich in Gl. (6.45) $a \cong r_M = 384.400$km und die Massewerte von Erde und Mond aus Anhang 2 ein, so erhalten wir eine Umlaufzeit von 27,283 Tagen. Diese stimmt nicht mit $T_{sid} = 27,322$ Tage überein.

© Springer-Verlag GmbH Deutschland, ein Teil von Springer Nature 2013
E. Kuphal, *Den Mond neu entdecken*,
https://doi.org/10.1007/978-3-642-37724-2_11

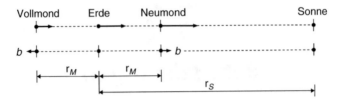

Abb. 11.1 *Oben*: Beschleunigung von Erde und Mond durch die Sonne. *Unten*: Störbeschleunigung des Mondes durch die Sonne

Die Störungen der Mondbahn rühren fast ausschließlich vom Einfluss der Sonne her (Dreikörperproblem). Dabei ist der Erdmond stärkeren Störungen ausgesetzt als irgendein anderer Mond oder Planet im Sonnensystem.

Die *Störbeschleunigung* durch die Sonne ist gleich der Beschleunigung des Mondes minus der Beschleunigung der Erde. Ihre maximale Wirkung tritt ein, wenn Erde, Mond und Sonne auf einer Geraden liegen. Nach Abb. 11.1 ist die Beschleunigung auf den Vollmond/Neumond $b_{SM} = Gm_S/(r_S \pm r_M)^2$ und auf die Erde $b_{SE} = Gm_S/r_S^2$. Hierbei ist G = Gravitationskonstante, m_S = Sonnenmasse und r_S = Abstand Sonne–Erde. Die maximale Störbeschleunigung ist demnach auf den

Neumond:

$$b_{SNeu} - b_{SE} = Gm_S \left(\frac{1}{(r_S - r_M)^2} - \frac{1}{r_S^2} \right) = 2Gm_S \frac{r_M}{r_S^3} \left(1 + \frac{3r_M}{2r_S} + \dots \right), \quad (11.1a)$$

Vollmond:

$$b_{SVoll} - b_{SE} = Gm_S \left(\frac{1}{(r_S + r_M)^2} - \frac{1}{r_S^2} \right) = -2Gm_S \frac{r_M}{r_S^3} \left(1 - \frac{3r_M}{2r_S} + \dots \right). \quad (11.1b)$$

In beiden Fällen ist der Betrag der Störbeschleunigung für $r_M \ll r_S$ in erster Näherung:

$$b = 2Gm_S \frac{r_M}{r_S^3}. \quad (11.2)$$

Dieser Ausdruck hat die gleiche Gestalt wie die in Abschn. 9.1 hergeleitete Gezeitenkraft: Die Störung nimmt mit der dritten Potenz der Entfernung ab. In der Tat können wir das System Erde–Mond als ein gemeinsames Gebilde auffassen, auf das die Sonne eine Gezeitenkraft ausübt, die Erde und Mond auseinanderzieht, wenn sie wie in Abb. 11.1 auf einer Geraden liegen.

Um ein Gefühl für die Stärke der Störbeschleunigung zu bekommen, beziehen wir sie auf die Beschleunigung $b_{EM} = Gm_E/r_M^2$, die die Erde auf den Mond ausübt, und erhalten:

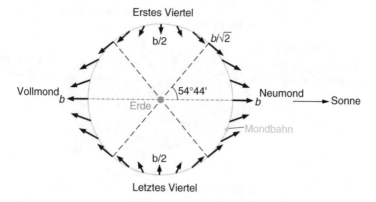

Abb. 11.2 Radiale und tangentiale Störbeschleunigung des Mondes

$$\frac{b}{b_{EM}} = 2 \frac{m_S}{m_E} \left(\frac{r_M}{r_S} \right)^3 = 2 \cdot 333.000 \frac{1}{389^3} = 0,011. \tag{11.3}$$

Die entsprechenden Zahlenwerte für die Störeinflüsse auf den Mond durch die nächsten Planeten – bei ihrer jeweils größten Annäherung – sind:

- Venus: $1,3 \cdot 10^{-6}$,
- Mars: $6,9 \cdot 10^{-8}$,
- Jupiter: $1,5 \cdot 10^{-7}$.

Der Störeinfluss der Planeten auf den Mond ist also gegenüber dem der Sonne vernachlässigbar klein.

Die Störbeschleunigung durch die Sonne für verschiedene Stellungen des Mondes berechnet sich ganz analog zur Gezeitenkraft in Abschn. 9.1 und ist in Abb. 11.2 dargestellt. Bei Vollmond und Neumond wirkt sie mit dem Betrag b radial von der Erde weg, wohingegen sie bei Halbmond mit dem Betrag $b/2$ zur Erde hinwirkt. Bei einer *Elongation* von 54,7° wirkt sie mit dem Betrag $b / \sqrt{2}$ tangential zur Mondbahn. (Die Elongation ist hier der von der Erde aus gesehene Winkel zwischen Mond und Sonne.)

Die *radiale* Komponente von b ändert den Erde-Mond-Abstand und deformiert die Ellipse. Da nach Abb. 11.2 die Sonne den Mond mehr nach außen als nach innen zieht, ist der mittlere Mondabstand und damit auch die Umlaufzeit größer als ohne Sonne. Die *tangentiale* Komponente von b ändert die Geschwindigkeit des Mondes (Abschn. 11.2, Variation).

Wegen der Verkippung der Bahnebene gegen die Ekliptik von $i = 5°09'$ hat b auch eine Komponente *senkrecht* zur Mondbahnebene (Abb. 11.3).

Im Folgenden werden einige der wichtigsten Störungen beschrieben (Voigt et al. 2012; Keller 1991; Wikipedia: Mondbahn).

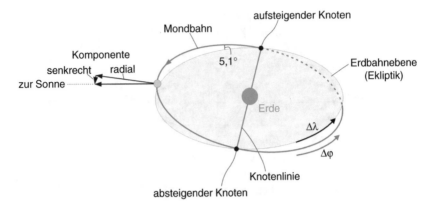

Abb. 11.3 Die Komponente der Störbeschleunigung senkrecht zur Mondbahnebene

11.2 Periodische Störungen in der ekliptikalen Länge des Mondes

In der Himmelsmechanik wird die Position des Mondes (seine *Ephemeriden*) in ekliptischen Koordinaten (Länge λ und Breite β) angegeben. Die Bahnstörungen werden als Abweichungen von der mittleren Ellipsenbahn mittels Störfunktionen berücksichtigt. Davon werden insgesamt über 1000 benötigt, wenn die Mondposition auf Jahre im Voraus auf wenige Kilometer genau berechnet werden soll (Montenbruck 2009; Schneider 1993). Wir wollen hier aber nicht die absolute ekliptikale Länge $\lambda(t)$ zum Zeitpunkt t angeben, sondern nur deren Störabweichung $\Delta\lambda$ relativ zur mittleren Bahn.

In Kap. 6 und Kap. 7 wurde die Mondposition durch den Polarwinkel (=Umlaufwinkel) $\varphi(t)$ auf der Ellipsenbahn gekennzeichnet. Das in diesem Kapitel verwendete $\Delta\lambda$ weicht vom $\Delta\varphi$ wegen der geringen Bahnneigung gegen die Ekliptik um höchstens $\pm 0{,}11°$ ab (vgl. auch Abb. 11.3).

Die im Folgenden benötigten Monatslängen lauten:

- $T_{syn} = 29{,}5306$ Tage, synodischer Monat (Neumond bis Neumond)
- $T_{drak} = 27{,}2122$ Tage, drakonitischer Monat (aufsteigender bis aufsteigender Knoten)
- $T_{anom} = 27{,}5546$ Tage, anomalistischer Monat (Perigäum bis Perigäum)

Evektion (zu lat. *evehere*, *evectum* = herausführen, herausfahren): Diese größte aller Bahnstörungen hatte schon Ptolemäus beschrieben und dabei auf Hipparchos zurückgegriffen. Zum einen trägt zur Evektion die radiale Komponente der Störbeschleunigung b bei. Diese vergrößert den Mondabstand zu den Syzygien (Neumond und Vollmond) und verringert ihn im ersten und letzten Viertel. Nach dem 3. Kepler'schen Gesetz wird somit die Bahngeschwindigkeit des Mondes im ersteren Fall verringert, im letzteren vergrößert. Der Abstand zur ungestörten Position auf der Bahn hat also die Periode eines halben synodischen Monats. Des Weiteren trägt zur Evektion auch die unterschiedliche Stellung der Sonne zur Apsidenlinie bei. Liegt die Apsidenlinie in der Achse Sonne–Erde, so ist die relative Störbeschleunigung wegen Gl. (11.3) und $r_M^3 \sim (1 \pm e)^3$ um $\pm 17\%$ größer oder kleiner als beim mittleren Mondabstand. Hier ist $e = 0{,}055$ die mittlere Exzentrizität der Mondbahn. Dieser Effekt bewirkt ebenfalls eine Schwankung der Bahngeschwindigkeit. Die beiden Effekte überlagern sich zu der Winkelabweichung (Montenbruck 2009; Schneider 1993)

$$\Delta \lambda = 1{,}27° \sin(2\pi \cdot t / P_1). \tag{11.4}$$

Die Amplitude von $1{,}27°$ entspricht einem Fünftel der Großen Ungleichheit, und ihre Periode ergibt sich aus

$$\frac{1}{P_1} = \frac{2}{T_{syn}} - \frac{1}{T_{anom}}$$

zu $P_1 = 31{,}8$ Tagen. Die Evektion verschiebt sich also von Monat zu Monat, beginnend mit dem Zeitpunkt des Neumonds im Perigäum ($t = 0$).

Variation Diese Störung ist nur halb so groß wie die Evektion, aber viel leichter zu verstehen als diese. Durch die Tangentialkomponente von b (Abb. 11.2) wird der Mond mit der Periode eines halben synodischen Monats abwechselnd beschleunigt und abgebremst, sodass er mal vorauseilt, mal zurückbleibt. Die Variation wurde von Tycho Brahe 1590 entdeckt und von Newton erklärt. Die Winkelabweichung durch die Variation ist

$$\Delta \lambda = 0{,}66° \sin(4\pi \cdot t / T_{syn}).$$

Die Tangentialkomponente von b ist zwischen erstem Viertel und Vollmond sowie zwischen letztem Viertel und Neumond positiv, in den beiden anderen Quadranten hingegen negativ. Da man die Winkelabweichung längs der Bahn durch zweifache Integration der Beschleunigung über die Zeit erhält, wird aus dem „Sinus" in b ein „minus Sinus" in $\Delta \lambda$, sodass der Mond zwischen Neumond und erstem Viertel sowie zwischen Vollmond und letztem Viertel vorauseilt und in den beiden anderen Quadranten zurückbleibt.

Evektion und Variation sind Pendelbewegungen, die sich der Großen Ungleichheit überlagern. Addiert man die Amplituden von Großer Ungleichheit,

Evektion und Variation, so erhält man eine größtmögliche Winkelabweichung

$$\Delta\lambda \leq 6{,}29° + 1{,}27° + 0{,}66° = 8{,}22°$$

gegenüber dem mittleren Mond. Diese stimmt recht gut mit der Libration in Länge (Abschn. 5.7) überein, welche Werte bis zu $\pm 7{,}9°$ erreicht. (Der geringe Unterschied liegt an Störungen, die hier nicht behandelt werden.) Die größte Abweichung vom mittleren Mond entspricht somit $7{,}9°/0{,}52° = 15{,}2$ Vollmondbreiten!

Jährliche Ungleichheit Dies ist eine Änderung der radialen Komponente von b infolge der Exzentrizität der Erdbahn. Diese beträgt zwar nur $e = 0{,}0167$, aber der Störbeitrag der Sonne variiert wegen Gl. (11.2) und $r_S^3 \sim (1 \pm e)^3$ im Laufe eines Jahres um $\pm 5\,\%$. Gegenwärtig steht die Erde Anfang Januar im Perihel, die Sonne ist nah und zieht den Mond etwas weiter von der Erde weg. Anfang Juli hingegen steht die Erde im Aphel, die Sonne ist fern, sodass die Erde den Mond wieder stärker an sich bindet. Der Mond kommt dann näher und wird schneller. Als Folge davon eilt er im Herbst etwas voraus und bleibt im Frühling etwas zurück. Die Winkelabweichung ist

$$\Delta\lambda = 0{,}186° \sin\left(2\pi \cdot t/T_{E,anom}\right)$$

mit der Periode eines *anomalistischen Jahres* (von Perihel bis Perihel $= 365{,}260$ Tage). Die Mondumlaufzeit variiert dadurch um ± 10 min.

Unabhängig voneinander haben Tycho Brahe und Johannes Kepler diese Störung – ohne Fernrohr! – entdeckt.

Parallaktische Gleichung Die Störbeschleunigung b ist auf den Neumond, der etwas näher zur Sonne steht als der Vollmond, etwas größer als auf den Vollmond. Das zeigt das zweite Glied der Reihenentwicklung in Gl. (11.1). Der Neumond wird daher durch die Sonne stärker von der Erde fortgezogen und läuft deswegen langsamer als der Vollmond. Die Winkelabweichung von der ungestörten Position ist in den Halbmondphasen am größten und hat eine Periode von einem synodischen Monat:

$$\Delta\lambda = 0{,}0356° \sin\left(2\pi \cdot t/T_{syn}\right).$$

Ihren Namen verdankt diese Störung der Tatsache, dass mit ihrer Hilfe das Verhältnis Mondparallaxe zu Sonnenparallaxe bestimmt werden kann. Aus einer genauen Analyse der Mondbewegung ergibt sich dann die Sonnenparallaxe. Die anderen Störungen hingegen hängen von der Gravitationskraft der Sonne ab, d. h. von ihrer Entfernung und Masse, sodass sich ohne unabhängige Bestimmung der Masse die Sonnenentfernung nicht ermitteln lässt.

11.3 Schwankungen der Bahnform und der Bahnlage

Im Weiteren werden periodische Schwankungen der Form der Bahnellipse und ihrer Lage im Raum beschrieben (Wikipedia: Mondbahn).

Schwankung der Exzentrizität Unter dem Einfluss der Sonne wird die Mondbahn periodisch deformiert, d. h. ihre Exzentrizität schwankt. Dem Mittelwert $e=0{,}055$ überlagern sich zahlreiche Schwankungen, wovon die beiden wichtigsten eine Periode von $P_1=31{,}8$ Tagen und $P_2=205{,}9$ Tagen haben. Letztere ergibt sich aus

$$\frac{1}{P_2} = \frac{2}{T_{anom}} - \frac{2}{T_{syn}}. \tag{11.5}$$

P_2 ist die mittlere Zeit zwischen zwei Durchgängen der Apsidenlinie durch die Richtung Erde–Sonne. Sie dauert etwas länger als ein halbes Jahr, da sich die Apsidenlinie im Mittel rechtläufig bewegt.

Die Schwankung von e ist in Abb. 11.4 dargestellt. Die Exzentrizität nimmt ein Maximum an, wenn die Apsidenlinie in Richtung Sonne weist, und ein Minimum, wenn sie senkrecht dazu steht. Insgesamt schwankt e erheblich, nämlich zwischen den Extremwerten 0,026 und 0,077.

Variation des Mondabstands Auf der mittleren Ellipsenbahn mit $e=0{,}055$ beträgt die Monddistanz im Perigäum $q=363.300$ km und im Apogäum $Q=405.500$ km (Abschn. 7.1). Infolge der oben genannten starken Schwankungen von e und der um $\pm 1\,\%$ schwankenden großen Halbachse a variieren auch q und Q beträchtlich. Wenn die Apsidenlinie in Richtung Sonne weist und daher e ein Maximum hat, ist q besonders gering und Q besonders groß. Dies geschieht, wie oben beschrieben, mit einer Periode von $P_2=205{,}9$ Tagen. Steht die Apsidenlinie aber senkrecht zur Sonnenrichtung, dann hat e ein Minimum und q und Q sind weniger unterschiedlich. Dies ist in Abb. 11.5 dargestellt. Wie man sieht, schwanken die Perigäumsabstände deutlich stärker als die Apogäumsabstände.

Seine extremen Abstände erreicht der Mond, wenn folgende Bedingungen erfüllt sind (Voigt et al. 2012):

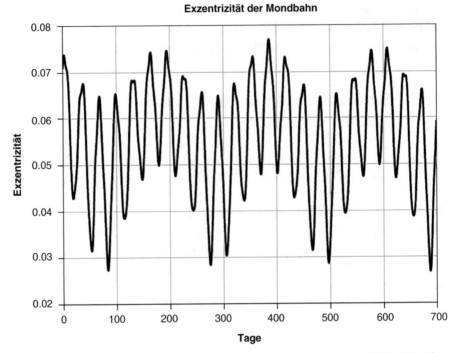

Abb. 11.4 Exzentrizität der Mondbahn. (© Sch.; Creative Commons, Attribution-Share Alike 3.0, unported)

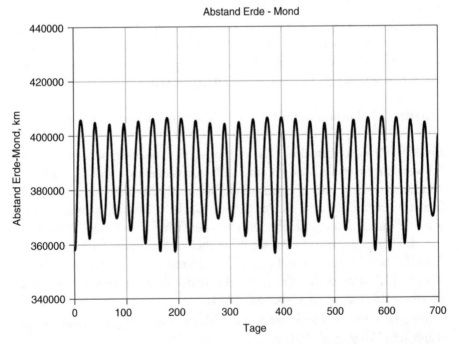

Abb. 11.5 Distanz zwischen Erde und Mond. (© Sch.; Creative Commons, Attribution-Share Alike 3.0, unported)

Abb. 11.6 Länge des aufsteigenden Knotens. (© Sch.; Creative Commons, Attribution-Share Alike 3.0, unported)

- *Minimum* (356.400 km): Wenn der Mond das Perigäum als Vollmond durchläuft, der Mond seinen größten Abstand von der Ekliptik hat (d. h. in größter Nord- oder Südbreite steht) und die Erde in Sonnenferne steht.
- *Maximum* (406.700 km): Wenn der Mond das Apogäum als Neumond durchläuft, der Mond seinen größten Abstand von der Ekliptik hat und die Erde in Sonnennähe steht.

Drehung der Knotenlinie = Präzession der Mondbahnebene Die Störkomponente von *b* senkrecht zur Mondbahn versucht, diese in die Ekliptik zu ziehen (Abb. 11.3). Den Kreiselgesetzen gehorchend, weicht die Mondbahnebene diesem Drehmoment aus, indem sie präzediert (taumelt) (Abb. 5.3). Die mittlere Bahnneigung wird dabei beibehalten. Die Präzessionsperiode (Periode der Knotendrehung) ist mit 6798 Tagen = 18,61 Jahren relativ kurz, was die starke Kopplung an die Sonne unterstreicht.

Die rückläufige Drehung der Knotenlinie erfolgt allerdings nicht gleichmäßig, denn die senkrechte Komponente von *b* ist null, wenn die Knotenlinie in Richtung Sonne zeigt, und maximal, wenn die Knotenlinie senkrecht dazu steht. Diese Modulation der Knotendrehung hat die Periode eines halben Finsternisjahres $T_F/2 = 173,3$ Tage, die uns schon bei den Finsternissen

Bahnneigung des Mondes

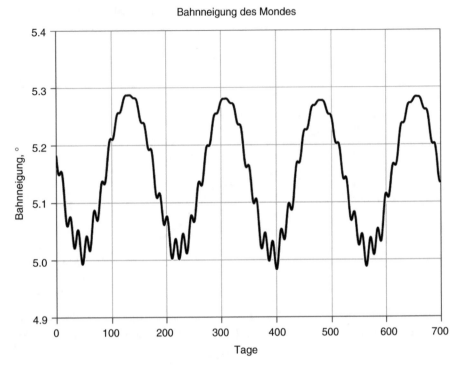

Abb. 11.7 Bahnneigung des Mondes. (© Sch.; Creative Commons, Attribution-Share Alike 3.0, unported)

begegnet ist (Abschn. 10.3). Es ist die Zeit zwischen zwei Durchgängen der Sonne durch einen Knoten der Mondbahn. Diese Modulation wurde von Tycho Brahe entdeckt.

Abbildung 11.6 zeigt die Bewegung eines Knotens. Man erkennt, dass die Knotenlinie beinahe stillsteht, wenn sie in Richtung Sonne zeigt. Dies hat den interessanten Nebeneffekt, dass das Zeitfenster für eine mögliche Sonnen- oder Mondfinsternis dadurch größer wird als bei gleichförmiger Knotendrehung.

Schwankung der Bahnneigung Zwar bewirkt die Kreiselbewegung der Mondbahnebene keine Änderung der mittleren Bahnneigung, aber die oben beschriebene Modulation der Knotendrehung ist auch mit einer Modulation der Bahnneigung verknüpft, deren dominierende Schwankung ebenfalls die Periode $T_F/2 = 173{,}3$ Tage hat. Die Bahnneigung i variiert dabei um $\pm 0{,}15°$ um ihren Mittelwert von $5{,}157°$, wie Abb. 11.7 verdeutlicht. Die Bahnneigung ist am größten, wenn die Sonne in der Nähe eines Knotens steht. Auch diesen Effekt hat Tycho Brahe entdeckt.

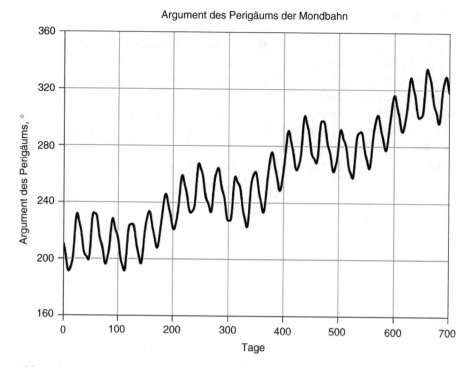

Abb. 11.8 Argument des Perigäums. Dieses wird vom Bahnknoten entlang der Mondbahn bis zum Perigäum gezählt. Zum anderen gibt es die Länge des Perigäums, die vom Frühlingspunkt ausgehend zunächst entlang der Ekliptik bis zum Bahnknoten und dann ebenfalls entlang der Mondbahnebene bis zum Perigäum gezählt wird. Es ist also Länge des Perigäums = Länge des Bahnknotens + Argument des Perigäums. Mittlere Bewegung pro Jahr: $40,7° = -19,3° + 60°$. © Sch.; Creative Commons, Attribution-Share Alike 3.0, unported

Drehung der Apsidenlinie Die auf den Mond längs seiner Umlaufbahn wirkende Schwerkraft der Erde und seine Zentrifugalkraft wurden in Abb. 7.2 dargestellt. Bedingt durch die Störungen seitens der Sonne werden diese Kraftkomponenten verändert, sodass letzten Endes eine im Mittel rechtläufige Drehung der Apsidenlinie resultiert. Ein voller Umlauf des Perigäums dauert 3232 Tage = 8,85 Jahre entsprechend einem mittleren Drehwinkel von 40,7° pro Jahr. Dieser mittleren Drehbewegung sind starke Schwankungen überlagert, deren dominierende Perioden $P_1 = 31,8$ Tage und $P_2 = 205,9$ Tage betragen und die Apsidenlinie teils rechtläufig, teils rückläufig drehen lassen. Abbildung 11.8 zeigt, dass sich die Apsiden bis zu ±30° von ihrer mittleren Lage entfernen können, was bei mittlerer Apsidendrehung einem zeitlichen Versatz von ±3/4 Jahr entspräche!

Neben den periodischen Störungen ist die Mondbahn auch noch kleinen, langfristigen Drifts unterworfen, auf die hier nicht eingegangen wurde.

Literatur

Keller H-U (Hrsg) (1991) Kosmos Himmelsjahr 1992. Frankh-Kosmos-Verlag, Stuttgart. S 82–87, Die Bewegung des Mondes

Montenbruck O (2009) Grundlagen der Ephemeridenrechnung. Spektrum Akademischer Verlag, Heidelberg

Schneider M (1993) Himmelsmechanik. BI Wissenschaftsverlag, Mannheim

Voigt HH, Röser HJ, Tscharnuter W (Hrsg) (2012) Abriss der Astronomie. 6 Aufl. Wiley-VCH, Weinheim

Wikipedia – Die Freie Enzyklopädie: Mondbahn. Zugegriffen: 10. Okt. 2012

Anhang 1:
Verwendete Einheiten und Formelzeichen

Physikalische Einheiten:

Größe	Symbol	Einheit
Länge	l	Meter (m), Kilometer (km), Zentimeter (cm)
Winkel		1 Grad (°) = 60 Bogenminuten (′) = 3600 Bogensekunden (″)
Zeit	t	Jahr (a), Tag (d), Stunde (h), Minute (min), Sekunde (s), Millisekunde (ms = 10^{-3} s), Mikrosekunde (µs = 10^{-6} s), Nanosekunde (ns = 10^{-9} s)
Masse	m, M	Kilogramm (kg)
Impuls	I	kgm/s
Geschwindigkeit	v	m/s
Winkelgeschwindigkeit	$\omega = \dot{\varphi}$	1/s
Kraft	F	Newton (N = kgm/s^2)
Gravitationskraft	F_G	
Zentrifugalkraft	F_z	
Gezeitenkraft	F_T	
Energie	E	1 Joule (J) = 1 Newton-Meter (Nm) = 1 Watt-Sekunde (Ws = kgm^2/s^2)
Leistung = Arbeit pro Zeiteinheit		Watt (W = J/s)
Lichtleistung		Watt optisch (W_{opt})
Lichtstrom	Φ	Lumen (lm)
Lichtstärke (einer Lichtquelle)	$I = d\Phi/d\Omega$	Candela (cd = lm/sterad)
Beleuchtungsstärke		Lux (lx = lm/m^2)
Temperatur	T	Grad Celsius (°C)
absolute Temperatur	T_{abs}	Kelvin (K); T_{abs} (K) = T(°C) + 273,15

© Springer-Verlag GmbH Deutschland, ein Teil von Springer Nature 2013
E. Kuphal, *Den Mond neu entdecken*,
https://doi.org/10.1007/978-3-642-37724-2

Physikalische Konstanten:

$c = 2{,}998 \cdot 10^8$ m/s	Lichtgeschwindigkeit
$G = 6{,}673 \cdot 10^{-11}$ Nm^2/kg^2	Gravitationskonstante
$k = 1{,}381 \cdot 10^{-23}$ J/K	Boltzmann-Konstante

Weitere Formelzeichen:

Astronomische Koordinatensysteme:

a, h	Horizontkoordinaten: Azimut und Höhe (in Grad)
α, δ	Äquatorkoordinaten: Rektaszension und Deklination (in Grad)
λ, β	Ekliptikkoordinaten: Länge und Breite (in Grad)
λ, φ	geographische Länge und Breite auf der Erde (in Grad)

Ellipsen:

x, y	kartesische Koordinaten: Abszisse und Ordinate
r, φ	Polarkoordinaten: Radius und Polarwinkel
a, b	große und kleine Halbachse
Q, q	Abstand Brennpunkt – Aphel; Brennpunkt – Perihel
$p = b^2/a$	Ellipsenparameter
C	Flächenkonstante

Anhang 2:
Physikalische und astronomische Konstanten von Mond und Erde

Der Mondkörper:

$R_M = 1737{,}1$ km $= 0{,}273\ R_E$	Radius (einer volumengleichen Kugel)
0,0005	Abplattung (rel. Differenz von Äquator- und Polradius)
$m_M = 7{,}348 \cdot 10^{22}$ kg	Masse des Mondes
$m_E / m_M = 81{,}303$	Massenverhältnis Erde/Mond
$\rho_M = 3{,}34$ g/cm$^3 = 0{,}61\ \rho_E$	mittlere Dichte des Mondes
$g_M = 1{,}62$ m/s$^2 \approx 0{,}17$ g	Schwerebeschleunigung an der Oberfläche
$v = 2{,}38$ km/s	Entweichgeschwindigkeit an der Oberfläche
$J = 0{,}395\ m_M R_M^2$	Trägheitsmoment
~29 mW/m^2	mittlerer Wärmefluss an der Oberfläche

Bahn des Mondes um die Erde (Mittelwerte):

$r_M = 384.400$ km $= 60{,}27\ R_{Äqu}$ $= 60{,}34\ R_E$	Abstand Erdmittelpunkt – Mondmittelpunkt
$a = 383.400$ km	große Halbachse
$q = 356.400 \ldots 370.300$ km	Perigäumsdistanz
$Q = 404.000 \ldots 406.700$ km	Apogäumsdistanz
$e = 0{,}055$	numerische Exzentrizität
$p_M \equiv p_{Äqu} = 57{,}043' = 3422{,}6''$	Äquatorial-Horizontalparallaxe des Mondes, $\sin p_{Äqu} = R_{Äqu} / r_M$
$\alpha_M = 15{,}543' = 932{,}6''$	geozentrischer Winkelradius des Mondes $\sin \alpha_M = R_M / r_M$
$r_1 = 4671$ km $= 0{,}733\ R_E$	Abstand des Erdmittelpunkts vom Schwerpunkt Erde–Mond
$i = 5°09'$	Neigung der Mondbahn gegen die Ekliptik, variiert um $\pm 0{,}15°$
$1°32'$	Neigung des Mondäquators gegen die Ekliptik
$6°41'$	Neigung des Mondäquators gegen die Mondbahn
$\pm 28.6° = \pm (23{,}44° + 5{,}15°)$	Grenze der Deklination gegen die Äquatorebene

© Springer-Verlag GmbH Deutschland, ein Teil von Springer Nature 2013
E. Kuphal, *Den Mond neu entdecken*,
https://doi.org/10.1007/978-3-642-37724-2

$T_{syn} = 29,5306$ d	synodischer Monat (Neumond bis Neumond)
$T_{sid} = 27,3217$ d	siderischer Monat (Fixstern bis Fixstern)
$T_{drak} = 27,2122$ d	drakonitischer Monat (aufsteigender bis aufsteigender Knoten)
$T_{anom} = 27,5546$ d	anomalistischer Monat (Perigäum bis Perigäum)
$T_{trop} = 27,3216$ d	tropischer Monat (Frühlingspunkt bis Frühlingspunkt)
$T_{M,rot} = T_{sid}$	Periode der Eigenrotation des Mondes
$T_{M,schein} = 24$ h 50 min 28 s	scheinbare tägliche Umlaufzeit (zirkadianer Mondrhythmus)
6798 d = 18,61 a	Periode des rückläufigen Umlaufs der Knoten
3232 d = 8,85 a	Periode des rechtläufigen Umlaufs des Perigäums
6585,3 d $\approx$ 18,03 a	Sarosperiode = 223 synod. Monate = 242 drakon. Monate
$19 T_{E,trop} \cong 235 T_{syn} = 6939,7$ d	Meton'scher Zyklus
$v = 2\pi\, r_M / T_{sid} = 1,023$ km/s	Bahngeschwindigkeit
$L_M = 2,82 \cdot 10^{34}$ kgm²/s	Bahndrehimpuls des Mondes

Der Erdkörper:

$R_{Äqu} = 6378,1$ km	Äquatorradius
$R_{Pol} = 6356,7$ km	Polradius
$R_E = 6371,0$ km	mittlerer Radius (Radius einer volumengleichen Kugel)
$(R_{Äqu} - R_{Pol})/R_{Äqu} = 0,00335 = 1/298,3$	Abplattung
$m_E = 5,9742 \cdot 10^{24}$ kg	Masse
$\rho_E = 5,52$ g/cm³	mittlere Dichte
$g = (9,8062 - 0,0259 \cos 2\,\varphi)$ m/s²	Erd- oder Schwerebeschleunigung (geographische Breite φ)
$v = 11,2$ km/s	Entweichgeschwindigkeit an der Oberfläche
63 mW/m²	mittlerer Wärmefluss an der Oberfläche
$T_{E,rot} = 23$ h 56 min 4,10 s	Rotationsperiode bezogen auf die Fixsterne
$T_{E,Son} = 24$ h = 1 d	mittlerer Sonnentag
465,1 m/s	Rotationsgeschwindigkeit am Äquator
$J = 0,803 \cdot 10^{38}$ kgm² $= 0,3315\, m_E R_E^2$	Trägheitsmoment
$L_E = 0,586 \cdot 10^{34}$ kgm²/s	Eigendrehimpuls

Bahn der Erde um die Sonne (Mittelwerte):

$r_s = 149{,}598 \cdot 10^6$ km	Abstand Sonne–Erde = astronomische Längeneinheit = 1 AE
	r_s variiert zwischen $147{,}1 \cdot 10^6$ km (Perihel) und $152{,}1 \cdot 10^6$ km (Aphel)
$e = 0{,}0167$	numerische Exzentrizität der Erdbahn
$p_s = 8{,}794''$	Horizontalparallaxe der Sonne; $\sin p_s = R_{Aqu}/r_s$
$r_s/R_E = 23.481$	Abstand Sonne–Erde zu Erdradius
$r_s/r_M = 389{,}2$	Abstandverhältnis Erde–Sonne zu Erde–Mond
$R_s/R_E = 109{,}2$	Radiusverhältnis Sonne zu Erde
$\alpha_s = 15{,}994' = 959{,}6''$	geozentrischer Winkelradius der Sonne; $\sin \alpha_s = R_s/r_s$
$m_s/m_E = 332.946$	Massenverhältnis Sonne/Erde
$m_s/(m_E + m_M) = 328.900$	Massenverhältnis Sonne/(Erde + Mond)
$\varepsilon = 23{,}44°$	Schiefe der Ekliptik = Neigung des Äquators gegen die Ekliptik
$T_{E,trop} = 365{,}2422$ d	tropisches Jahr (Frühlingspunkt bis Frühlingspunkt)
$T_{E,sid} = 365{,}2564$ d	siderisches Jahr (Fixstern bis Fixstern)
$\bar{v}_E \approx 2\pi \cdot r_s/T_{E,sid} = 29{,}79$ km/s	Bahngeschwindigkeit
25.700 a … 25.800 a	Präzessionsperiode der Erdachse = Platonisches Jahr

Die Konstanten sind gerundete Werte der von der IAU empfohlenen Werte und entstammen:

Seidelmann PK (Hrsg) (1992) Explanatory Supplement to the Astronomical Almanac. University Science Books, Mill Valley

Heiken G, Vaniman D, French BM (1991) Lunar Sourcebook. A User's Guide to the Moon. Cambridge University Press, New York

Keller HU (2008) Kompendium der Astronomie: Zahlen, Daten, Fakten. Frankh-Kosmos-Verlag, Stuttgart

Namen- und Sachverzeichnis

© Springer-Verlag GmbH Deutschland, ein Teil von Springer Nature 2013
E. Kuphal, *Den Mond neu entdecken*,
https://doi.org/10.1007/978-3-642-37724-2

Printed in the United States
By Bookmasters